# 高校数学でわかる半導体の原理

電子の動きを知って理解しよう

竹内 淳

ブルーバックス

装幀／芦澤泰偉・児崎雅淑
カバーイラスト・本文扉・もくじ／中山康子
本文図版／さくら工芸社

# まえがき

　半導体を使ったデバイスは読者の皆さんのまわりに充ち満ちています。デバイス（device）のもとの意味は「工夫したもの」とか「からくり」です。エレクトロニクスの分野でのデバイスは、トランジスタや半導体レーザーのような電子部品を指し、「素子（そし）」とも訳します。1947年のトランジスタの発明を起点にして、その後、半導体デバイスは私たちの生活のまわりに数多く登場しました。現在の皆さんの身近なところでは、トランジスタに加えて発光ダイオードや半導体レーザーが活躍しています。

　トランジスタは、テレビを含むあらゆる電化製品の中や、パソコンなどのコンピューターの中で働いています。発光ダイオードは、携帯電話のボタンを光らせたり、テレビなどのリモコンの信号を送っています。さらに、半導体レーザーは、現在の光通信の中心的存在として活躍しています。

　ここでは皆さんにとって意外で、そしておもしろい半導体の世界を紹介したいと思います。これらの代表的な半導体デバイスの働きを基礎的なレベルから説明します。半導体の世界をのぞいてみたいという高校生の皆さんや一般の読者の皆さんにもお役に立てることでしょう。また、半導体デバイスについて、専門的知識を必要とする方も少なくないでしょう。したがって、大学レベルの「電子工学」や

「半導体工学」の知識が得られるよう構成したつもりです。

　少し難しそうな式が続く箇所もありますが、高校数学レベルの知識さえあれば、わかるように構成しました。場合によっては、ペンと紙を使って自分で式を追いながら読み進めるようにしてください。たとえば、1桁のかけ算なら誰でもできますが、3桁のかけ算を暗算でできる人はまれです。ところが、ペンと紙を使えば誰でも3桁のかけ算はできます。このようにペンと紙を使うだけで、人間の計算能力や思考力は大幅に向上するのです。

　それでは、現代社会を支える半導体デバイスの理解に向かっての一歩を踏み出しましょう。

　　本書では、電気抵抗の表記には、新しいJIS記号を
　　使っています。

# もくじ

まえがき —— 3

## 第1章 半導体の秘密 —— 13

夜明け —— 14

半導体とは —— 19

代表的な半導体 — シリコン —— 20

シリコン — 原料からウェハーへ —— 22

インク瓶から生まれたチョクラルスキー法 —— 24

結晶構造を見る方法 —— 26

シリコンの結晶構造 —— 29

IV族の原子 —— 31

化合物半導体 —— 32

伝導帯と価電子帯 —— 36

半導体の中の真空 —— 39

キャリア —— 43

# 第2章 キャリアの数は? — 47

- 電流の大きさを決めるもの — 48
- コンサートのS席の売れ具合を予測する — 49
- 波としての電子状態の数 — 50
- 1辺$L$の立方体の半導体での電子状態の数 — 56
- 量子統計 — 61
- フェルミ-ディラック分布をニュートン力学的粒子でたとえると — 65
- 電子分布はどうなるか — 69
- ホールのエネルギー分布はどうなるか — 70
- 伝導帯と価電子帯のキャリア密度 — 71
- 質量作用の法則 — 76
- 実験によるバンドギャップエネルギーの求め方 — 78
- フェルミエネルギーの位置 — 79
- n型半導体とp型半導体 — 82
- 不純物半導体のキャリア密度 — 86
- 擬フェルミエネルギーを求める — 88
- 擬フェルミエネルギーを使った少数キャリア密度 — 91

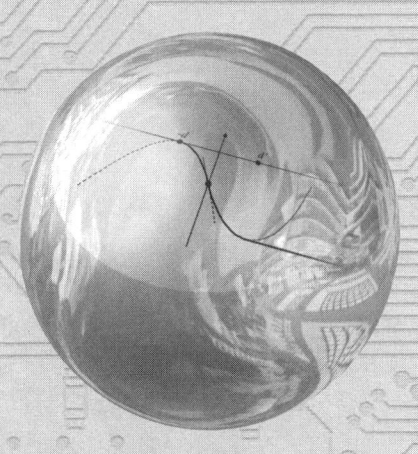

## 第3章 半導体の中の電流 ——— 93

電流には2種類ある ——— 94

ドリフト電流とオームの法則 ——— 94

拡散電流 ——— 100

拡散電流の式の導出 ——— 102

電流連続の式 ——— 104

ホール効果 —
キャリア密度と移動度を求める実験方法 ——— 108

# 第4章 pn接合とショットキー接合 —— 115

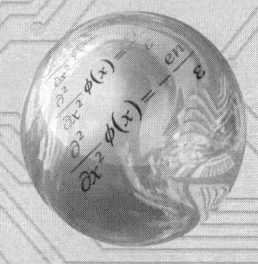

オームの法則から外れるもの —— 116

pn接合のIVカーブを求めるために —— 118

ポアソン方程式 —— 119

pn接合のしくみと電荷分布 [手順1] —— 122

電荷二重層の電位はどうなっているか
[手順2] —— 124

pn接合の電位を求める [続・手順2] —— 126

pn接合の平衡状態 —— 132

pn接合に外部電圧をかけると何が起こるか
[手順3] —— 134

バイアス電圧をかけた場合の拡散電流は
[続・手順3] —— 136

ショットキー接合の作り方 —— 148

ショットキー接合のバンド構造 —— 149

オーミック接触 —— 151

# 第5章 — 世紀の発明 トランジスタ — 155

## トランジスタの発明者たち — 156
## ショックレーの逆襲—天才たちの争い — 162
## ベル研を去る人々 — 166
## シリコン・バレーの開拓者たち — 167
## 2度目の栄冠 — 168
## バイポーラトランジスタ — 171
## 活性モードにおける動作 — 174
## バイポーラトランジスタの増幅回路 — 176
## トランジスタの増幅動作 — 179
## 実際の増幅回路図の例 — 184

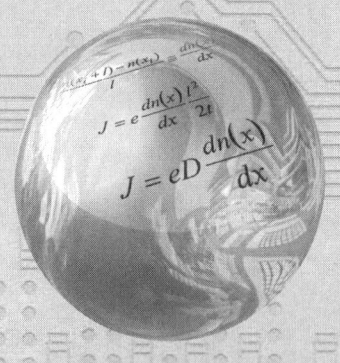

トランジスタの2つの使い道 ——— 185

トランジスタのスイッチ動作 ——— 186

遮断周波数 ——— 187

遮断周波数と $g_m$ ——— 188

電界効果トランジスタ ——— 189

MOSトランジスタ ——— 190

MOS構造 ——— 192

MOSトランジスタのスピードを決めるもの ——— 193

HEMT ——— 194

集積回路 ——— 196

# 第6章 光の世界へ —— 201

発光デバイスと受光デバイス —— 202

光る半導体と光らない半導体 —— 204

光の吸収はどうか —— 208

フォトダイオード —— 209

発光デバイス —— 213

活性層の改良 —— 214

レーザーの構造 —— 217

誘導放出 —— 220

半導体レーザー —— 224

ダブルヘテロ（DH）レーザー開発史 —— 226

量子井戸のメリットは？ —— 228

DH構造や量子井戸構造を作製する ナノテクノロジー —— 231

有機金属気相成長法（MOCVD）—— 236

電荷結合デバイス —— 238

様々な波長へ —— 241

CDからDVD、そしてHD DVD、 Blu-Rayへの進歩 —— 244

# 付録

ポアソン方程式の導出 —— 246

量子井戸の状態密度 —— 247

本書に現れるノーベル賞受賞者 —— 250

あとがき —— 252

参考文献・参考資料 —— 256

さくいん —— 258

本書で使用した記号一覧 —— 264

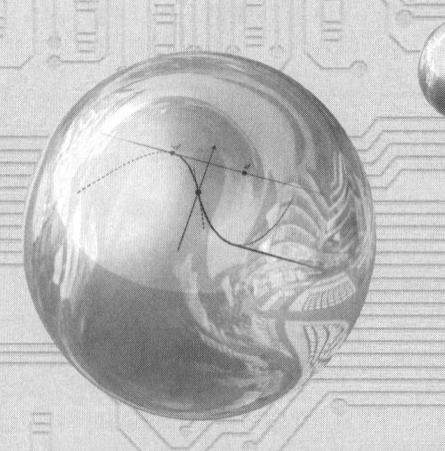

第1章

# 半導体の秘密

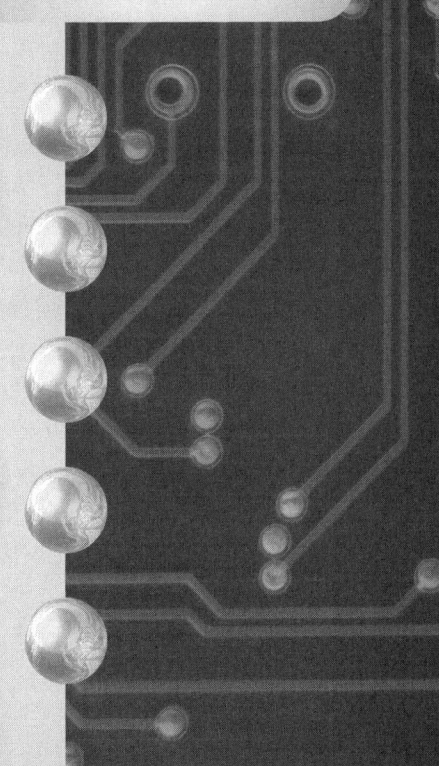

## ■夜明け

　第二次世界大戦が終わって2年が経過した1947年の11月、アメリカ東海岸に位置するニュージャージー州のAT＆Tベル電話研究所（現ベル研究所）では、2人の研究者が半導体の上に針を下ろす実験を繰り返していました。半導体の名前はシリコンと言い、銀色の金属光沢があります。この極めて純度の高いシリコン結晶は、同じくベル電話研究所のティールらが工夫した特殊な結晶成長方法で生み出したものでした。

　毎日議論を繰り返しながら、実験に取り組んでいたのは、ブラッテン（1902～1987）とバーディーン（1908～1991）でした。実際に実験の手を動かすのは熟達した実験技術を持ったブラッテンで、バーディーンは理論計算と半導体内部で起きている物理現象への洞察でブラッテンを助けていました。

　このとき、ベル研究所が取り組んでいた研究テーマは、「真空管」に置き換わるものの開発です。ベル電話研究所とは、電話の発明者ベル（1847～1922）の名を冠した研究所です。ベルは電話会社を設立しましたが、その流れを汲むのがAT＆T（アメリカ電話電信会社）です。

　AT＆Tは、早くも1910年代には、アメリカの東海岸から西海岸に延びる大陸横断電話線を敷設しました。大陸横断電話線の完成から20年後の1930年代にはアメリカ全土に電話網が広がっていましたが、交換機の多くはまだまだ手動式でした。当時、既に世界最大の工業国になっていたアメリカの通信需要は年々伸びており、このため機械式交

換機の普及を急いでいました。しかし、今後の電話回線の増大を考えると、金属の接点をつなぎかえる交換機の限界が深刻な問題として認識されるようになっていました。そこで、AT＆Tの開発担当役員であったケリーは、機械式ではなく電気部品を使った交換機の開発に取りかかりました。彼が電気部品として目をつけたのは、真空管でした。

真空管には、1904年に「フレミングの法則」で有名なイギリスのフレミング（1849〜1945）が発明した2極真空管と、その2年後にアメリカのド・フォレスト（1873〜1961）が発明した3極真空管がありました。2極真空管は、一つの方向にしか電流を流さない整流作用があり、3極真空管には信号を大きくする増幅作用があります。

通話信号を電話線で送ると、様々な電気的な損失によって信号は小さくなっていきます。そこで、この信号を増幅するために、3極真空管が数多く使われていました。ケリーの提案は、真空管を増幅だけでなくスイッチとしても利用するというものでした。

ケリーがこの開発のために必要な人材としてスカウトしたのが、ショックレー（1910〜1989）です。ショックレーは、マサチューセッツ工科大学で量子論の大家スレーターの下で学んだ理論物理学者でした。1936年、ショックレーはベル研究所に就職し、最初の数年間は真空管の研究に取り組みました。やがて、「真空管を固体のデバイスで置き換えられるのではないか」と考えるようになりました。

方鉛鉱や黄銅鉱などの鉱石に、猫のひげ（ウィスカー）

のような細い金属線を接触させると、整流作用が生じることは1870年代にドイツのブラウン（1850～1918、ブラウン管の発明者でもある）らによってよく調べられました。1930年代の通信機に、これらの鉱石が広く使われるようになっていました。さらに1939年に始まった第二次世界大戦では、アメリカ軍の通信機やレーダーに使用されました。ショックレーは、整流作用を持つ2極真空管が、増幅作用を持つ3極真空管に発展したように、鉱石を使って整流作用が生み出せるのなら、何らかの方法で増幅作用も生み出せるのではないかと類推したわけです。

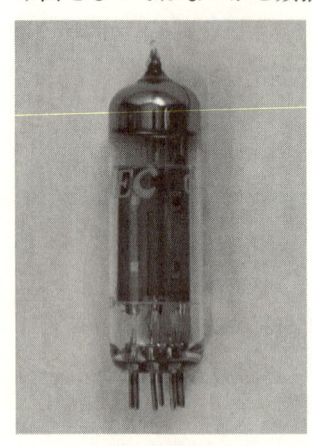

写真　真空管

　増幅作用があることから、真空管は鉱石の整流器よりもはるかに活躍していましたが、一方で真空管にはいくつもの欠点がありました。真空管は電球に似た構造をしていて、真空中で熱せられたフィラメントから飛び出す電子を増幅に利用します。したがって、フィラメントを赤熱させないと動作しないので、無駄な発熱が大きく、多くの電力を消費します。またフィラメントの寿命が短いので、多数の真空管を使うAT＆Tの電話網では、フィラメントが切れた真空管を頻繁に交換する必要がありました。さらに、ガラス管でできているので壊れやすいという欠点もありま

した。そのため、メンテナンスに莫大な費用がかかっていました。

真空管に代わるものの開発は、ショックレーのリーダーシップのもとに進められました。幸いなことに、どの鉱石が最も有望であるか、またそれらの鉱石の結晶をどのように作るかは、第二次世界大戦中からベル研究所で研究されていました。レーダーや通信機の開発のために必要だったからです。

様々な鉱石を使って整流作用の実験が行われ、特にどこまで高い周波数で使えるかが調べられました。人間の耳に聞こえる音の周波数の上限は約20kHz（Hz：ヘルツ 1Hz＝1秒間に1周期の振動数）です。したがって、電話に用いるには20kHzの電気信号まで整流作用があれば十分です。しかし、鉱石の整流器を当時のレーダーに使用するには、MHz（メガ）（1MHz＝$10^6$Hz）からGHz（ギガ）（1GHz＝$10^9$Hz）の高い周波数まで対応することが望まれました。

レーダーで飛行機や船を識別するには1m程度の空間分解能が必要で、空間的な分解能は電波の波長で決まります。電波のスピードは秒速30万kmですから、波長1mの電波の周波数は、30万kmを1mで割って、$3×10^8$Hz（＝300MHz）になります。太平洋のこちら側の日本でも、レーダーの発信器であるマグネトロン（真空管の一種）の開発に、後にノーベル賞を受賞した朝永振一郎（1906〜1979）らの科学者が動員されていました。当時の日本が取り組んでいたのは、波長3cm（10GHz）から10cm（3GHz）のマグネトロンの開発で、日本、アメリ

カ、イギリス、ドイツでは、いずれも高い周波数まで使える電子デバイスの開発に躍起になっていました。

ベル研の整流作用の実験で、最も高い周波数まで応答できる鉱石として残ったのが、シリコンとゲルマニウムという2つの半導体でした。後で周期表を見ていただくとわかりますが、どちらもⅣ(14)族であり、この2つは上下に並んでいます。当時はこのシリコンとゲルマニウムは実際には整流器に使われておらず、実績がありませんでした。しかし、ショックレーはシリコンとゲルマニウムを材料として選択しました。そして、この研究に取り組んでから8年後の1947年に、大きな進歩がありました。ショックレーの部下であるブラッテンとバーディーンが、半導体の表面の性質を調べていたとき、ある特殊な条件で増幅作用が生じることを発見したのです。それがトランジスタの発明への重大な飛躍でした。

ショックレーたちのトランジスタの発明は、半導体を極めて重要な存在に変えました。一部の研究者やエンジニアにしか知られていなかった半導体が、広く社会の隅々まで行き渡り、人間社会に大きな影響を及ぼすことになったのです。

さて、このトランジスタ開発のドラマを続けて書きたいところですが、そのドラマを理解するには、いくつかの基礎知識を必要とします。そこで、ここでは半導体の解説から始めることにしましょう。急がば回れと言うではありませんか。トランジスタ発明の話は、その後の楽しみにしま

しょう。

■**半導体とは**

地球上には様々な物質が存在しますが、その中には大まかに分けて電気を通すものと、通さないものがあります。たとえば、鉄や銅などの金属は電気を通しますが、ガラスや陶器は電気を通しません。これらの事実は、小学校以来の教育や日常生活での体験で、既に読者の皆さんもよくご存じのことでしょう。

日本では、金属が電気を通すことは、18世紀後半に平賀源内（1728～1779）が活躍するころには既に知られていました。当時、日本に伝わったエレキテル（摩擦によって電気を発生させる器械）の電気を伝える部分は、金属製です。一方、電気を溜める部分のまわりにはガラスが使われていて、電気を逃がさないように設計されていました。

エレキテルは摩擦によって発生させた電気を溜めて、その後、放電させる器械なので、定常的に流れる電流は生み出せません。定常的に流れる電流が使えるようになったのは1800年のイタリアのボルタ（1745～1827）による「電池」の発明の後です。ボルタは電池だけでなく電圧を測定するボルタメーター（＝電圧計）も発明しました。そこで彼は、いくつもの物質で電気が流れるかどうかを試しました。ボルタはそれらの中で、ある奇妙な性質を持つ物質を見つけました。それは金属に比べれば、わずかしか電気を通さない物質です。その奇妙な物質、それが今日、**半導体**と呼ばれている物質です。

金属のように電気を通す物質を「(伝)導体」と呼び、ガラスのように通さない物質を「絶縁体」とか「誘電体」と呼びます。英語では、伝導体をconductorと呼びます。conductには、「導く」という意味があります。半導体とは、「半ば電気を通す導体」という意味です。英語では、semiconductorと呼びます。semi-は「半分」を意味する接頭語なので、日本語の「半導体」は英語の直訳です（歴史的には、おそらくドイツ語Halbleiterの訳語です）。

　半導体は、その性質を上手に利用すれば、この後、本書で見るように、「電気を通したり」、「通さなかったり」できます。この「通したり、通さなかったり制御できる」ということが重要なポイントで、半導体を様々な分野で活躍させる理由になっています。

■代表的な半導体——シリコン

　半導体にどのようなものがあるのか見てみましょう。現在、半導体の中で最も広く使われているのは、本書の冒頭に現れたシリコン（ケイ素：silicon、元素記号はSi）です。もっとも、シリコンなどといわれてもなんのことかわからないという方がほとんどでしょう。読者の中には美容整形で身体に埋め込むシリコンを思い浮かべる方も少なくないと思います。美容整形に使うものは、ケイ素を含む樹脂状の化合物（通常「シリコーン」と表記します）で、英語のつづりはsiliconeで最後のeが余分に付いています。半導体のシリコンとは別物です。

　自然界ではほとんどのシリコンは酸素と結合して$SiO_2$

（二酸化ケイ素）として存在しています。そのSiO$_2$はどこにあるのかというと、実は岩石の主要な成分として存在しています。純度の高いSiO$_2$が結晶化したものが水晶です。人工物としては、ガラスや陶磁器の主成分になっています。実は、シリコンは、地上では酸素に次いで最もありふれた元素で、みなさんのまわりにも大量に存在しています。

ただし、純粋なシリコンは自然界には存在しないので、人間が精製して取り出す必要があります。まず原料のSiO$_2$を溶かしてドロドロにし、酸素を切り離す化学反応（還元と呼びます）を使って純粋なシリコンを取り出します。SiO$_2$を溶かすには、1400℃以上の温度まであげる必要があるので、電気炉を使います。電気炉は大量の電気を使うので、水力発電による安価な電力が使える北欧の会社が主要なメーカーになっています。精製されたシリコンの純度は、

$$99.99999999\% から 99.999999999\%$$

という大変高い値になっています（9の数によって、テンナインとかイレブンナインと呼ばれます）。

## 半導体の重要性

トランジスタや半導体レーザーについて述べる前に、半導体のことを詳しく書くのは実は理由があります。というのは、それぞれの半導体の持つ本来の性質によって、トランジスタやレーザーの特性が全然違ってくるからです。

どの半導体を使うかは、たとえて言うと宝石の原石を選ぶ作業に似ています。ダイヤモンドの原石だと思って時間をかけて磨いてみたら、実は水晶だったというのならまだ少し救いがあります。しかし、磨いてみたら宝石ではなくただの石ころだったというのでは完全な徒労に終わってしまいます。

　宝石ではダイヤモンドとルビーで色や反射のぐあいや金銭的な価値が違います。半導体でも、シリコンを使うかゲルマニウムを使うかでトランジスタの性質は大きく異なります。半導体産業は、宝石産業よりはるかに大きなマーケットで、人類の社会に多大な恩恵を施しているわけですから、どの半導体を研究し製品化するかは、研究者や企業にとって、とても重要な意味を持ちます。新しい半導体を発見できれば、科学と産業の両面にとてつもなく大きなインパクトを及ぼします。一方、膨大な研究開発費をかけてものにならなかった半導体も存在します。

## ■シリコン──原料からウェハーへ

　次にこのシリコンを結晶にしますが、この工程では、日本の信越化学工業（株）や（株）SUMCOなどが世界で大きなシェアを持っています。結晶というのは原子が規則性をもってきれいに並んだ構造です。$SiO_2$から精製されたシリコンの結晶の並び方はかなりでたらめなのですが（微小な結晶が多数集まっているので**多結晶**と呼びます）、これを再度ドロドロに溶かします。この液体化したシリコンの温度は融点（1410℃）よりわずかに高い温度にしてお

第1章 半導体の秘密

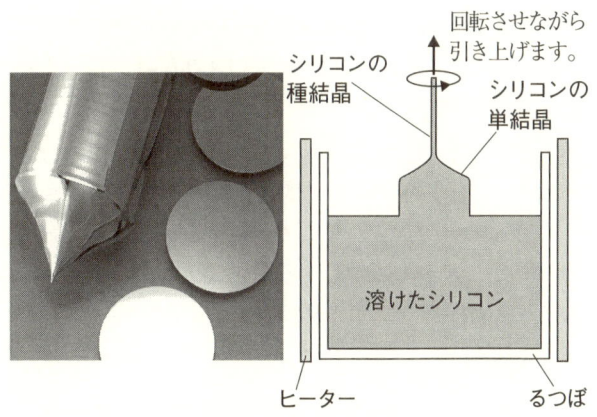

**図1-1 チョクラルスキー法**
写真提供／信越化学工業(株)

きます。これに、図1-1のように、小さなシリコンの種の結晶を付けて、回転させながらゆっくりと引き上げます。するとこの種結晶にくっついた液体のシリコンが固化し始めます。引き上げる速度が十分ゆっくりだと、固化したシリコンはつなぎめのないきれいな単一の結晶（**単結晶**と呼びます）になります。

こうやってゆっくり引き上げながらシリコンの単結晶を作製する方法を、**チョクラルスキー法**と呼びます。冒頭で触れたベル研究所のティールらが用いた特殊な結晶成長方法とは、このチョクラルスキー法のことです。できあがったシリコンの固まり（写真左側）をインゴット（ingot）と呼びます。インゴットの先端のとがった部分が種結晶です。引き上げるにつれてだんだん結晶が大きくなっていくので、最初のうちは円錐状になります。引き上げの速度

は、材料の種類によって異なりますが、シリコンでは1分間に1mm程度です。インゴットを輪切りにして、薄い板状にしたものをウェハー（wafer）と呼びます（写真右側）。

ちなみに、「インゴット」は金の延べ棒を呼ぶときにも使うので、読者の皆さんもこの言葉をテレビのニュースなどで聞いたことがあるでしょう。また、ウェハーは、英語で書くとwaferですが、これはお菓子のウェハースとおなじ単語です。

## ■インク瓶から生まれたチョクラルスキー法

チョクラルスキー法の発明者のヤン・チョクラルスキー（1885～1953）は、1885年にポーランド西部の町クツィニアに生まれました。当時、この町はプロイセンの領土だったため、チョクラルスキーはドイツの教育制度のもとで学び、やがてベルリンのAEG社に就職しました。

ポーランド科学アカデミーのパヴェウ・トマシェフスキ（Paweł Tomaszewski）博士の研究によると、チョクラルスキーの発明のきっかけは、ある失敗でした。チョクラルスキーは、スズをるつぼの中に入れて溶かした後、それが固化する過程を調べていました。そのとき、何かの考えが頭に浮かびノートを取り始めました。それにとらわれたまま、ペンをインク瓶に入れて引き上げたとき、彼は異様な光景を目撃することになりました。なんと、金属製のペン先にスズが引き延ばされて付いてきていたのです。チョクラルスキーは、インク瓶と見誤って、るつぼの中にペンを

入れてしまったのでした。

彼はこの失敗を無駄にしませんでした。当初予定していたスズの固体化を調べる実験は台無しになりましたが、新しい結晶成長の方法を見つけたのです。彼はこの体験をもとにして、良好な結晶成長の条件を探り、1916年にチョクラルスキー法を発明しました。故国ポーランドには1929年にワルシャワ工科大学の教授として戻っています。

写真1-1　シリコン単結晶引き上げ用石英ガラスるつぼ
写真提供／信越石英（株）

チョクラルスキー法は金属の結晶成長に用いられていましたが、1940年代に半導体の結晶成長に応用したのが前述のベル研究所のティールとリトルです。チョクラルスキー法は、それ以来シリコンの結晶成長の方法として大活躍しています。

シリコンウェハーの上にトランジスタや集積回路などを作製しますが、ウェハーが大きいほど、多くのトランジスタや集積回路を生産でき、製造コストは下がります。そこで、シリコンウェハーはこの数十年の間にだんだん大きくなり、現在では、直径約30cm（＝12インチ）のウェハーが使われています。写真はシリコン結晶引き上げ用の石英のるつぼで、このようにとても大きなものが使われています。

## ■結晶構造を見る方法

次にこのシリコンの結晶構造を見てみることにしましょう。結晶というと、雪の結晶や、食塩の結晶などが読者のみなさんには身近なものだと思います。シリコンの結晶構造は実は微細なもので、肉眼で構造が見分けられるわけではありません。原子と原子の間の距離は、わずか0.24nm（ナノメートル）です。1nmは、1mの$10^9$分の1というとても短い距離です。

目に見えないぐらい小さいのにどうやって構造の形がわかったのだろうかと疑問に思う方も少なくないでしょう。人間の目にとらえられる可視光線の波長は、0.4～0.7$\mu$m（マイクロメートル、1mmの1000分の1）程度なので原子間の距離より1000倍以上も長い距離です。波長より短いものを空間的に識別することはできないので、可視光を使うかぎり、とうてい結晶の構造は見分けられません。つまり、どんなに優れた光学顕微鏡でも見えないのです。

そこで結晶の構造を調べるためには、波長が1nmより短い光を使います。もちろん可視光線ではありません。この非常に短い波長の光をX線と呼びます。X線を結晶に入射してその回折を見るのです。回折は、高校の物理では回折格子に光を照射したときに見られる現象として学びます。

この回折格子の回折条件を先に見ておくと話がわかりやすいでしょう。回折格子の回折条件は、「隣の溝で回折した光との光路差$L$が、光の波長$\lambda$の整数倍になる方向で光が強めあう」というものです。

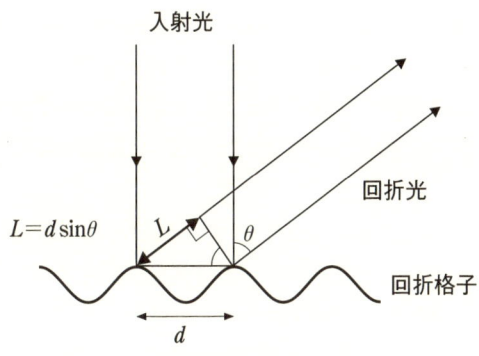

図1-2　回折格子の原理

たとえば回折格子に垂直に光が入射した場合では、

$$n\lambda = L \quad (nは正の整数)$$
$$= d \sin\theta$$

です。$d$ は隣の溝との間隔です。通常は $n=1$ の回折が使われることが多く、これを1次の回折光と呼びます。波長 $\lambda$ が変わると、上の式に従って回折角 $\theta$ が変わるので、回折角 $\theta$ を測れば波長がわかります。たとえば、

$$\lambda = 0.5\mu m, \quad n = 1, \quad d = 1\mu m$$

の場合、$\theta = 30°$ です。波長が $0.5\mu m$ ではなく $0.6\mu m$ であれば、$\theta = 37°$、波長が $0.7\mu m$ であれば、$\theta = 44°$ となります。測定では、回折角だけでなく、その回折角での回折光の強さも測定します。こうして得られた回折光の強さを縦軸に、そして波長を横軸に書いたグラフが**スペクトル**です。

回折格子の溝の間隔$d$は、可視光を測定する場合、$1\mu m$程度です。「回折格子を使って測る**波長**と、回折格子**の溝の間隔**が同じ程度の大きさ」であることを覚えておきましょう。この関係が、結晶とX線の関係でも役に立ちます。

　結晶の構造を見る場合は、この入射光にX線を使います。回折格子の役割を果たすのは結晶の原子の並びそのものです。ただし、X線は結晶の内部にも進入するので結晶表面の回折だけでなく、内部の原子による回折も一緒に考える必要があります。したがって、少し複雑になりますが、原理的には同じです。先ほどの式を使えば、光の波長と回折角から、回折格子の溝の間隔がわかりますが、同じようにX線の波長と回折角がわかれば、シリコンの原子間距離がわかるというわけです（図1-3　**ブラッグの回折条件**）。

　結晶にX線を照射すると回折が起こることを発見した

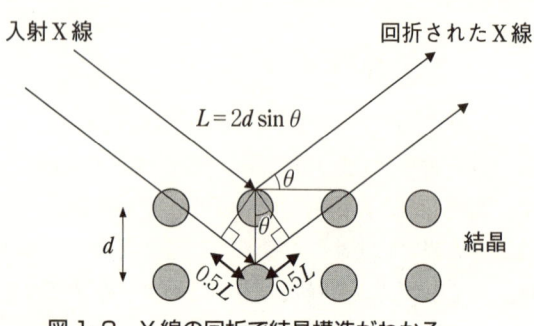

図1-3　X線の回折で結晶構造がわかる

のはドイツのラウエ（1879〜1960）です。そして、この回折現象からブラッグの回折条件を導いたのが、イギリスのヘンリー・ブラッグ（1862〜1942）とローレンス・ブラッグ（1890〜1971）親子です。X線の回折現象を利用して、結晶の構造を調べる方法（ラウエ法と呼ばれる）は現在に至るまで大活躍しています。ラウエ法によって、数多くの物質の結晶構造が明らかになりましたが、これらの功績により、1914年にはラウエに、そして1915年にはブラッグ親子にノーベル物理学賞が贈られています。

■シリコンの結晶構造

さて、シリコンの結晶構造を見てみましょう。シリコンの結晶は、読者の皆さんがよく知っているある物質と同じ構造をしています。もっとも、残念ながら筆者とはまだ縁がなく、現物をまだ触ったことがありません。見るだけならニューヨークのティファニー本店で大きなものを見たよ

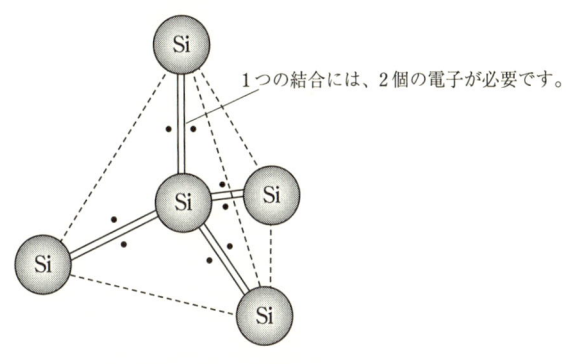

図1-4　正四面体構造とsp³混成軌道による4本の結合の手

うな気がします。そう、その物質とはダイヤモンドです。

シリコンは、ダイヤモンドと同じ構造を持っています。ダイヤモンドは、シリコンではなく炭素でできていますが、シリコンと炭素は結合の手を4本持つ同じ構造をしています。図1-4のようにダイヤモンド構造では、原子は4つの結合の手を四方に伸ばし、隣の原子と結合します。このまわりの4つの原子は正四面体構造の頂点の位置にあって、どの面も正三角形からできています。1つの結合の手は、電子が2個あれば結びつきます。中心のシリコンからは、4個の電子を出し、まわりの4個の原子からはそれぞれ1個ずつの電子を出し、計8個の電子で4本の結合の手を結んでいます（より詳しくは$sp^3$混成軌道と呼ばれる軌道を作ります）。

シリコンの原子のいちばん外側の軌道には図1-5のように4個電子がいますが、この軌道には最大8個の電子が入ることができます。まわりのシリコンと結合する際には、

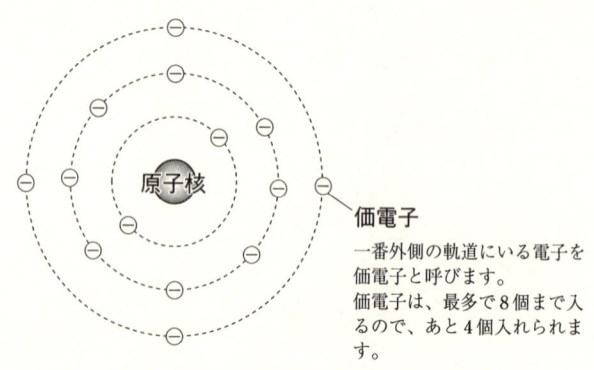

**価電子**

一番外側の軌道にいる電子を価電子と呼びます。
価電子は、最多で8個まで入るので、あと4個入れられます。

**図1-5　シリコン(Si)原子の構造**

第1章 半導体の秘密

まわりの4個のシリコン原子からそれぞれ1個ずつの電子を借りて（共有して）、いちばん外側の軌道には8個の電子が入ります。

■Ⅳ族の原子

いちばん外側の軌道に4個の電子がある原子をⅣ(14)族族の原子と呼びます。メンデレーエフ（1834〜1907）は元素を分類するために元素の周期表を作りました。その周期表の一部（Ⅳ族のあたり）の元素を見ておきましょう。Ⅳ族の元素を質量の軽い方から並べると、

C（炭素）、Si（シリコン）、Ge（ゲルマニウム）

となります。Siが半導体であることは述べましたが、Geも半導体です。Geは、半導体研究の初期にはSiよりよく

| Ⅲ(13)族 | Ⅳ(14)族 | Ⅴ(15)族 |
|---|---|---|
| $_5$B ボロン | $_6$C 炭素 | $_7$N 窒素 |
| $_{13}$Al アルミニウム | $_{14}$Si シリコン | $_{15}$P リン |
| $_{31}$Ga ガリウム | $_{32}$Ge ゲルマニウム | $_{33}$As ヒ素 |
| $_{49}$In インジウム |  | $_{51}$Sb アンチモン |

元素記号の左下の数字は原子番号を表します。

表1-1　周期表

調べられていました。SiとGeが半導体であるならば、炭素Cも半導体ではないだろうかと予想する方がいると思います。実際、その通りで、ダイヤモンドも半導体として働きます。もっとも、値段が高いことや、加工が容易ではないことから、大学等で研究されてはいますが実用化には至っていません。もし、実用化されたら、キラキラ光るトランジスタができあがることでしょう。

### ■化合物半導体

シリコンは、計8個の電子で4本の結合の手（共有結合）を作ってダイヤモンド構造を形成します。Ⅳ族以外の元素を使って同じ芸当はできないでしょうか。

実は、他の元素を使って同じことをさせられるのです。それは、Ⅲ(13)族の原子とⅤ(15)族の原子を組み合わせるという方法です。たとえば、先ほどのシリコンのダイヤモンド構造の中心にⅢ族の原子を置き、そのまわりの4つの原子にⅤ族の原子を置きます。こうすると、それぞれから3個と5個の電子が供給されるので、価電子の総計は8個となり4本の結合の手が形成されるというわけです。シリコンの場合

$$4 + 4 = 8$$

だったのが、Ⅲ族とⅤ族では、

$$3 + 5 = 8$$

になったというわけです。このⅢ族とⅤ族の組み合わせと

して最もよく使われているものの1つが、ガリウムとヒ素の化合物であるヒ化ガリウム（GaAs）です。GaAsは、Siと異なるいくつかの性質を持っています。最も重要なポイントは、電気を流すことによって光らせることができるという点にあります。もちろんGaAsにただ電気を流すだけで光るというわけではなく、特殊な加工を施す必要があるのですが、Siの場合はどんな細工をしても実用になるほど強い光を出させることはできません。その違いについては後で詳しくお話ししましょう。GaAsは、As（ヒ素）の化合物で、Asには毒性があります。したがって、Siよりは危険性が高い材料ですが、この光らせることができるというメリットがあるために広く使われています。

図1-6のようにGaAsの基本構造もSiと同じ正四面体構造です。ただし、Gaの周りには4個のAsがあり、Asの周りには4個のGaがあります。このような構造を、**閃亜鉛鉱構造**と呼びます。

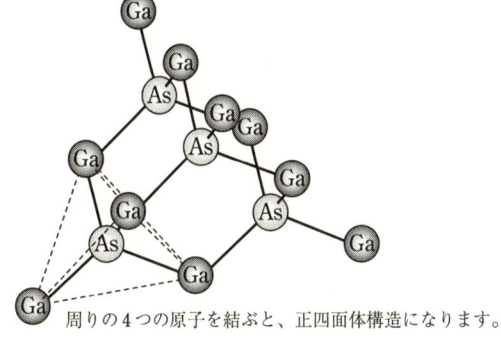

周りの4つの原子を結ぶと、正四面体構造になります。

**図1-6　閃亜鉛鉱構造**

Ⅲ族とⅤ族の元素の周期表をもう一度見てみましょう。GaAsは、Geを挟むその両側の元素の組み合わせです。他にもInAs（ヒ化インジウム）とか、GaP（リン化ガリウム）などの組み合わせも可能です。このⅢ族とⅤ族の組み合わせによってできる半導体は周期表の下側に行くほど、発光の波長が長くなり、表の上側に行くほど波長が短くなるという特徴があります。これはおもしろい性質で、新しい半導体を創り出そうと考えている科学者はこの周期表をにらんで日夜思索にふけっています。

　現在実用化されているⅢ-Ⅴ族の半導体を波長の長い方から短い方に並べると、

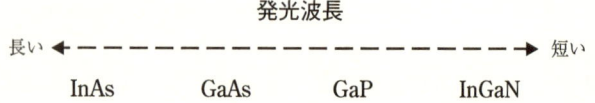

といった具合になります。これらは、正式な日本語の名前は、ヒ化インジウムやヒ化ガリウムだったりしますが、学会などでは、通称でそれぞれ、インジウムヒ素、ガリウムヒ素（さらにつめると、ガリヒ素）、ガリウムリンなどと呼ばれています。

　半導体を光らせる研究は1990年頃までに、赤や緑の発光に成功していましたが、それより短い波長での発光は容易ではありませんでした。先ほどの周期表をにらむと表の上の方の元素を使えばよいということがわかります。とい

うことで、窒素NとガリウムGaの組み合わせである窒化ガリウム（GaN）に少数の研究者が目をつけました。しかし、窒化ガリウムは結晶を成長させるのが容易ではありませんでした。

1993年にこの窒化ガリウムを使って効率のよい発光に成功したのは、日本の研究者です。今日では、青く発光する半導体が渋谷の大画面ディスプレイや交通信号機など様々な場所で活躍しています。また、青色の半導体レーザーが開発され、ブルーレイディスクなどの道が開かれました。日本が世界に誇るすばらしい研究です。

窒化ガリウムの研究によって大きな市場が開かれましたが、このように新しい材料の開発に成功すると一般社会にも大きなインパクトを及ぼします。このため、半導体材料の研究者は今もなお、次の半導体（＝夢）を追い求めています。

### 半導体の英語名

半導体の英語の名称にも少し触れておきましょう。まず、半導体の英語名は前述のように、semiconductorで、カタカナ表記では、「セミコンダクター」と発音します。しかし、「セマイコンダクター」と発音するアメリカ人もかなりいます。「狭い」が耳に残るので、少し異様に聞こえます。

GaAs（通称、ガリウムヒ素）は、カタカナで発音を書くと、「ギャリウムアーセナイド」です。Gaの日本名はガリウムなので、ガリウムアーセナイドと発音する日本人がほとんどです。幸いにしてガリウムという日本名はドイツ語起源

なので、ドイツ人には通じます。アメリカ人にも結構通じているようです。

InAs（通称、インジウムヒ素）の発音は、インディアムアーセナイドです。「インディアン」と言うつもりで発音すればよいと筆者は教わったことがあります。日本人のほとんどは、これも日本語読みで、インジウムアーセナイドと発音します。これもドイツ人には通じます。

英語をしゃべっているときに、GaAsを「ガリウムヒソ」、InAsを「インジウムヒソ」と言ってしまう日本人もごく少数います。装置の説明をしていて、This systemと言わなければいけないところを、ついThis souchiと言ってしまうのと同じです。

## ■伝導帯と価電子帯

トランジスタなどの様々なデバイスを動作させるには、半導体の中に電気を流すことが必要です。そこで、電子が半導体の中を流れるときの性質を見ておきましょう。先ほどのシリコンやヒ化ガリウムの結合の手を作っている電子は、それらの原子のいちばん外側の軌道（最外殻軌道）にいる電子です。温度が低い時には、最外殻軌道まで電子が詰まっています。実は、最外殻軌道の外側には、普段電子の存在しない「空(から)の軌道」が存在します。温度が低い時にはこの外側の軌道に電子は存在しません。しかし、温度が上がった場合や、後に述べるドーピングをした半導体では、この外側の軌道にも電子が存在するようになります。

これらの外側の軌道は隣の原子の軌道と結びついて、空間的にとても広い軌道を作ります。そこにいる電子は、この広がった軌道の中を自由に移動できます。電子が自由に移動できるこの軌道のことを**伝導帯**と呼びます（図1-7）。帯（バンド）という言葉がついているのは、この軌道のエネルギーが帯状に広がっているためです。伝導帯は英語でconduction band（コンダクション）と呼びますが、conductionは、「伝導する」の意味を持つ動詞conductの名詞形です。伝導帯の底（そこ）のエネルギーは、このCを添え字にして$E_C$で表します。

電子のエネルギー

伝導帯（conduction band）
電子は自由に動き回れます。

$E_c$

バンドギャップ（禁止帯）
軌道がないので、電子が存在できません。

バンドギャップエネルギー $E_g$

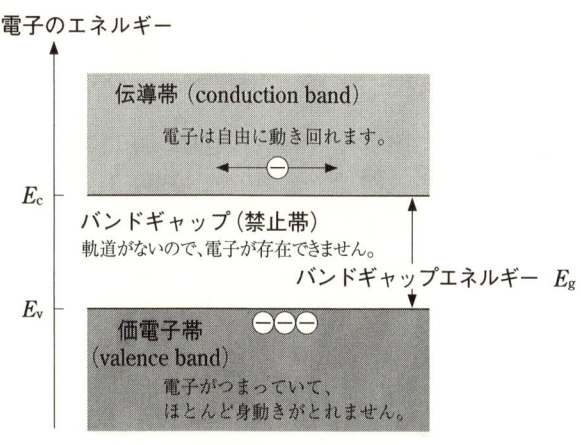

$E_v$

価電子帯（valence band）
電子がつまっていて、ほとんど身動きがとれません。

**図1-7　バンド**

先ほどの最外殻軌道も隣のシリコン原子との共有結合によって**価電子帯**というバンドを構成しています。この価電子帯も、空間的には隣のシリコン原子に広がっているので、電子の移動が可能です。しかし、温度が低い場合に

は、価電子帯にびっしり電子が詰まっているので、電子は移動しようとしても、隣の価電子帯の軌道にも電子がびっしり詰まっていて移動できません。価電子帯は英語でvalence band（ベイレンス）と呼ぶので、価電子帯の頂上のエネルギーは、このVを添え字にして$E_V$で表します。

この伝導帯の底と価電子帯の頂上との間には電子の軌道が存在しません。ここを**バンドギャップ（禁止帯）**と呼びます。また、そのエネルギーの幅を**バンドギャップエネルギー $E_g$（$= E_c - E_V$）**と呼びます。Siのバンドギャップエネルギーは1.1eVで、GaAsのバンドギャップエネルギーは1.42eVです。

これらのバンドギャップエネルギーは、発光デバイスや受光デバイスのところで重要になります。というのは、発光デバイスでは、伝導帯にいる電子が価電子帯に落ちるときに出す光を利用し、受光デバイスでは価電子帯にいる電子が光のエネルギーをもらって伝導帯に上がる現象を利用するからです。このとき電子と光の間には**エネルギー保存の法則**が成り立つので、電子が失ったエネルギーは光のエネルギーになり、光が失ったエネルギーは電子のエネルギーになります。Siのバンドギャップエネルギーである1.1eVは、光の波長で1.1$\mu$mに対応し、GaAsのバンドギャップエネルギーの1.42eVは光の波長0.87$\mu$mに対応します。

なお、半導体工学で一般に用いられるエネルギーの単位は、J（ジュール）ではなく、eV（エレクトロンボルト：電子ボルト）です。これは、1Vの電位差がある電極の間

を電子1個が移動したとき、電子が受け取る運動エネルギーに対応します。ジュールとの関係を書くと、電子1個の電荷の大きさ（**電気素量**）は、$1.602 \times 10^{-19}$ C なので、クーロン×ボルト＝ジュール の関係より、1 eVは、

$$1 \text{ eV} = 1.602 \times 10^{-19} \text{ C} \times 1 \text{ V}$$
$$= 1.602 \times 10^{-19} \text{ J}$$

となります。

また、光のエネルギー $E$ は、量子力学によると

$$E = \text{プランク定数 } h \times \text{振動数 } \nu$$
$$= h\nu$$
$$= \frac{hc}{\lambda}$$

となるので、これにプランク定数 $h$（$= 6.626 \times 10^{-34}$ m$^2$kg/s）と光速 $c$（$= 2.998 \times 10^8$ m/s）を入れて計算すると、波長 $\lambda$ とエネルギー $E$ の関係は、

$$\lambda [\mu\text{m}] \approx \frac{1.24}{E[\text{eV}]}$$

となります。この式を覚えておくと、バンドギャップエネルギーと波長の間の換算がすぐにできて便利です。

## ■半導体の中の真空

この伝導帯での電子の運動は、本来は量子力学を使って考える必要があります。しかし、この後に述べるように、

野球のボールのような古典的な粒子の運動で近似できるという特徴があります。したがって、量子力学が苦手な研究者や大学生の皆さんも気軽に読み進んでください。

まず、ここでは、野球のボールの運動の性質を見ておきましょう。ニュートン力学（つまり高校の物理で習った力学）では、速さ$v$で飛んでいる質量$m$のボールの運動エネルギー$E$と運動量$p$は

$$E = \frac{1}{2}mv^2$$

$$p = mv$$

と書けます。この2つの式から$v$を消去してエネルギーと運動量の関係を求めてみると

$$E = \frac{p^2}{2m}$$

となります。この式を横軸を$p$、縦軸を$E$にとったグラフに書いてみます。すると図1-8のようになります。これは高校の数学で出てきた2次関数です。

高校で2次関数を勉強したとき、この関数がいったい何の役に立つのかわからなかった方も多いと思いますが、物理学ではなかなか有用な関数です。このグラフを見ると、運動量がゼロのときは運動エネルギーはゼロで静止した状態を表し、運動量がプラス（$x$軸の正の方向に飛んでいるボール）かマイナス（$x$軸の負の方向に飛んでいるボール）のときには運動量の2乗に比例してエネルギーが大き

## 第1章 半導体の秘密

**図の説明：**
- 縦軸：$E$ エネルギー
- 横軸：$p$ 運動量
- 曲線の式：$E = \dfrac{p^2}{2m}$
- $x$軸の負の方向に飛んでいるボール
- $x$軸の正の方向に飛んでいるボール
- 静止しているボール

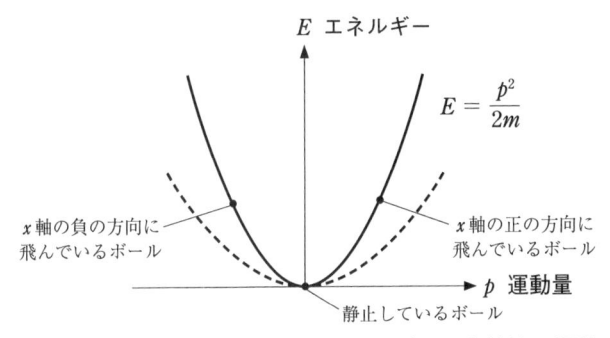

**図1-8 野球のボール（実線）とソフトボール（破線）の運動量とエネルギーの関係**

くなっていくことを意味しています。

　この野球のボールにあてはまる関係はもちろんすべての古典的な粒子の運動に成り立ちます。野球のボールより重いソフトボールのカーブはどうなるでしょう。ソフトボールは野球のボールより重いので先ほどの式の分母が大きくなります。したがって、$p$が大きくなっても先ほどの場合よりはエネルギーは大きくならないことになります。したがって、質量が大きいとカーブの曲がり方は小さく、質量が小さいとカーブの曲がり方は大きくなります。

　次に、半導体中での電子のエネルギーと運動量との関係を見てみましょう。図1-9にGaAsの模式的な関係を表しました。この図では、エネルギーは伝導帯の底をゼロにとっていて（$E_C = 0$）、伝導帯の底付近と、価電子帯の頂上付近だけをグラフにしています。半導体中の電子は原子と相互作用しながら動くので、電子の運動量とエネルギーの関係は簡単ではありません。しかし、この図のように伝導

帯の底と価電子帯の頂上では、ボールの運動と同じように2次関数で表現できます。つまり伝導帯の底付近では、まわりとは何も相互作用していない真空中の野球のボールと同じように、電子の運動を扱えるということになります。

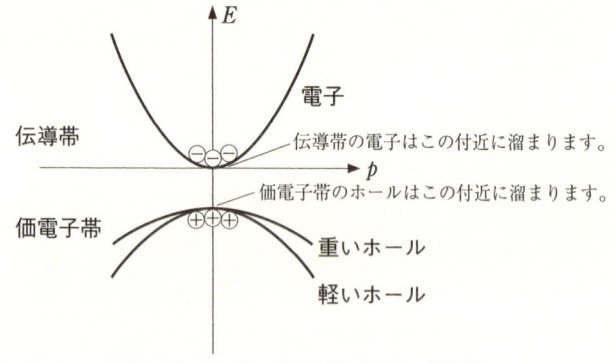

図1-9　GaAsの模式的なバンド構造

$E = \dfrac{p^2}{2m}$ の関係を伝導帯や価電子帯のカーブにあてはめると、質量$m$が決まります。この質量は、便宜的な質量なので、**有効質量**とか**実効質量**と呼ばれます。有効質量は、本当の質量と区別するために、多くの場合＊（アスタリスク）をつけて$m^*$で表されます。この図では、$p=0$ の近くしかグラフ化していませんが、$p=0$ から離れた運動量とエネルギーの大きいところでは、伝導帯のカーブが上に凸になっていたりします。このとき、2次曲線で無理矢理近似すると質量がマイナスになったりします。しかし、電子は、室温ではこんなエネルギーの大きなところまで上がってくることはまずないので、有効質量を正にとった野球のボールの近似だけ（下に凸の2次関数）でほとん

第1章　半導体の秘密

どの場合は間に合います。

■ **キャリア**

　電子は電荷を持っているので電子が移動すると電荷を運ぶことになります。運ぶのは英語でcarryなのでこの電荷を運ぶものを**キャリア**（carrier）と呼びます。半導体の中では電子の他にもう一つキャリアが存在します。先ほどの結合の手の電子8個のうちから（つまり価電子帯から）1個の電子がもっと外側のエネルギーの高い軌道（つまり伝導帯）に逃げたとしましょう。すると、元いた場所には穴があくことになります。この穴を**ホール**（**正孔**）と呼びます。英語のつづりはholeで穴を表します。ここに電子がいたときは、原子核と電子の電荷がつり合って電気的に中性でしたが、電子が抜けることによってプラスに帯電します。そこで正孔と呼ばれています。

　このホールを他の電子が埋めると、他の電子がいた場所に新たにホールが発生し、最初のホールは消滅します。このとき、実際に動いているのは電子ですが、ホールに注目すると、ホールが動いていると見なすことも可能です。したがって、ホールは正の電荷を運ぶキャリアと見なせます。

　ホールは価電子帯の中を動きます。ホールの電荷は電子と反対なので、エネルギーの大小も電子のエネルギーの大小とは上下が反転します。したがって、図1-9では価電子帯の下にいるホールほどエネルギーが大きいことに注意しましょう。つまり、図1-9のグラフを「天地ひっくり返し

43

て」考えればよいのです。

　このホールの運動量とエネルギーの関係も先ほどの2次関数で近似でき、ホールも有効質量を持ちます。図1-9のように価電子帯は上に凸の2次関数ですが、ホールのエネルギーは上下が逆なので、有効質量は正になります。Ⅲ-Ⅴ族の半導体では、重いホールと軽いホールの2種類のホールが存在します（つまり、価電子帯には2種類の軌道が存在します）。したがって、電子と2種類のホールの曲線をまとめて書くと図1-9のようになります。

　SiとGaAsの有効質量の大きさを見ておきましょう。まずSiの電子の有効質量は真空中の電子の質量の92％と19％の2種類あります。Siの有効質量が2種類あるのは、電子が走る方向によって、（単位長さあたりに）電子が相互作用する原子の数や距離が違うからです。原子が密な方向と疎な方向では、原子と電子の相互作用が異なるため、有効質量の値も異なるのです。GaAsの電子の有効質量は真空中の電子の質量のわずか6.7％です。したがって、Siに比べると小さな電界でも電子が加速されやすいというメリットがあります。

　さて、ここまでで読者の皆さんは、半導体に関する知識の中核部分、すなわち最も重要な知識を身につけました。さらさらと読んでしまえた方も少なくないと思いますが、大学の講義だと2回分の知識です。大いなる前進といえるでしょう。

　この後、第2章では半導体の中のキャリアの数について

の知識を得ます。そして、第3章ではそのキャリアを流す場合（すなわち、電流について）を考えます。第4章ではそれらの知識を総合して、半導体デバイスで最も重要なpn接合と呼ばれる構造を理解します。そして、第5章からは、このpn接合を使ったトランジスタやデバイスが登場します。

　さあ、先に進みましょう。

# 第2章

# キャリアの数は？

## ■電流の大きさを決めるもの

　半導体の構造に関する中核的な知識を身につけたので、次に実際に電気を運ぶキャリアについて考えることにしましょう。

　半導体デバイスは、電気を流すことによって、様々な動作を行うわけですから、"どれぐらい電気が流れるか"は、デバイスの性能を左右するもっとも重要なファクターです。この電気の流れとは、すなわちキャリアである電子やホールが流れることです。キャリアがたくさんあって、とても速いスピードで動けば、大きな電流になります。一方、キャリアが少なくて、スピードが遅ければ、電流はとても小さくなります。このように、電流の大きさを決めるものには、"キャリアの数"と"速さ"の2つのファクターがあります。第2章では、このうちキャリアの数に注目します。

　前章の知識を思い出してみましょう。電子は伝導帯に上がると自由に動けるキャリアになり、ホールは価電子帯にいると自由に動けるキャリアになるということでした。したがって、

**伝導帯にいる電子の数**

と

**価電子帯にいるホールの数**

を求めることが目標です。

　前章で見たように、伝導帯は高いエネルギーのところに

あるので、すべての電子がそこに上がれるわけではありません。熱などのエネルギーをもらった電子だけが価電子帯からバンドギャップを越えて伝導帯に上がることが可能になります。

■ コンサートのＳ席の売れ具合を予測する

　伝導帯に上がる電子の数を見積もることは、コンサートのＳ席のチケットを買う客がどれぐらいいるか予測するという話にたとえることができます。Ｓ席（伝導帯）は２万5000円以上、Ａ席（価電子帯）は１万円としてみましょう。お金（エネルギー）がなければ、Ｓ席には座れません。また、そもそもＳ席やＡ席の座席の数も知る必要があります。よく調べてみるとＳ席には、さらに細かな種類があって、S1席は２万5000円ですが、S2席は３万円で、S3席は３万5000円もするそうです。なかなか財布との相談が大変です。

|  | 金額 | 座席数 |
|---|---|---|
| S3席 | 35,000円 | ??席 |
| S2席 | 30,000円 | ??席 |
| S1席 | 25,000円 | ??席 |
|  |  | ← 金額ギャップ |
| Ａ席 | 10,000円 | ??席 |
| Ｂ席 | 8,000円 | ??席 |

このＳ席に座る人の数を予測するためには、

- S1, S2, S3席の金額別の座席数
- 客になる可能性のある人の懐具合（ある金額のお金を持つ人がどれぐらいいるかという所得分布）

の2つの情報が必要になります。また、お客さんの懐具合には、世間の景気がとても大きく影響しています。

これを電子の問題に戻してみると

- 伝導帯（S席）のエネルギー（金額）ごとの電子の状態の数（座席数）
- あるエネルギー（金額）を持った電子（人）が、どれぐらいいるかという分布

の2つの情報が必要ということになります。また、電子のエネルギー（お客の懐具合）には、熱（世間の景気）がとても大きく影響しているということになります。

この金額ごとの座席の数に相当するのが、この後で説明する電子状態の密度のことで、**状態密度**と呼ばれる量です。また、ある金額（エネルギー）を持った人（電子）がどれぐらいいるかという分布が、電子では**フェルミ-ディラック分布**と呼ばれるものに対応します。

それでは、さっそくこの2つに取り組んでみましょう。まずは、状態密度から始めましょう。

## ■波としての電子状態の数

伝導帯には自由電子が存在しますが、そこにどれぐらいの数の電子の状態があるのか考えてみましょう。電子には

波としての性質と粒子としての性質がありますが、ここで考えるのは波としての状態の数（＝種類）です。エネルギーの異なる波は、別の状態（種類）の波ですし、エネルギーが同じでも伝わる方向が違えば別の状態の波です。

電子の波といってもピンとこない人も少なくないと思います。そこでここでは、もっと身近な音の状態の数をまず考えてみることにします。

今度は、コンサートホールの音響関係の設計者になってみましょう。図2-1のような1辺$L$の立方体のコンサートホールでの音の共鳴について考えてみます。コンサートホールの大きさは1辺34mの立方体であると仮定します。もちろん、立方体よりもっと本格的な形を考えてもよいのですが、話が難しくなるので立方体にしておきましょう。わかりやすいところから考えるのが物理学を理解するコツで

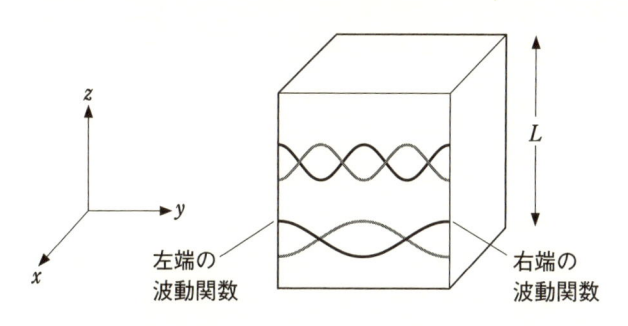

1辺の長さ34mの立方形のコンサートホールの音の波を考えます。
$y$方向で安定に存在するエネルギーが最も低い音の波は、波長が34mに等しいものです。
このとき立方形の右端と左端の波動関数はつながるものを考えます。
その次にエネルギーの高い波は、2波長が$L$に等しいものです。

**図2-1　コンサートホールの思考実験**

す。

　34mというと一見中途半端な数字に見えるかもしれませんが、音速は秒速340mなので、音にとっては実はキリのいい数字です。ただしこのホールは、普通のコンサートホールと違って壁はありません。共鳴する音は、立方体の右端や左端で波の腹になっていることにします。これは、高校で習った開放端での音の共鳴の条件と同じです。

　また、この開放端での共鳴条件には、さらに制限が付いて、右端と左端で音の波がつながっている場合を考えます。右端と左端で波がつながっているというのは図2-2のように立方体が多数あって、その境界で波がつながって振動していることを意味しています。このとき、それぞれの立方体の中の波は同じ条件で振動していますが、これを**周期境界条件**と呼びます。こう考えることによって、実際の計算では1辺$L$の「立方体1つ」を取り扱いながら、「立方体が無数につながっている無限に広い空間」で安定に振動している波を考えることができます。

　1辺34mのコンサートホールでこのように共鳴する音の波長の1つは、$y$方向に進む波長が34mの音の波です。この音は、340m÷34m　で、1秒間に10回振動する（＝10Hz）音です。この音は共鳴して安定に存在する波（定在波）で、安定な音波の状態の1つです。

　その次に共鳴する波長は1波長がちょうど半分の17mに等しい音で1秒間に20回振動する音です。この音も共鳴して安定に存在する定在波で、コンサートホール内で安定な音波の状態の1つです。以下、同じように波長の整数倍が

波の右端と左端がつながる条件の
ことを、周期境界条件と言います。

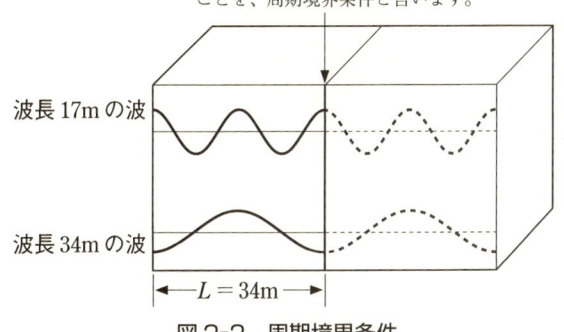

波長 17m の波

波長 34m の波

$L = 34\text{m}$

**図2-2 周期境界条件**

1辺の長さに等しいものが共鳴する音です。

このときの波数をグラフに書いてみましょう。**波数**は $k = \dfrac{2\pi}{\lambda}$ で定義されていて、$\lambda$ は波長です。たとえば、

$$k_y = \frac{2\pi}{34[\text{m}]} = 2\pi \times \frac{1}{34[\text{m}]}$$

$$k_y = \frac{2\pi}{17[\text{m}]} = 2\pi \times \frac{2}{34[\text{m}]}$$

$$k_y = \frac{2\pi}{11.3[\text{m}]} = 2\pi \times \frac{3}{34[\text{m}]}$$

といった具合です。式をまとめると定在波の条件は、

$$k_y = \frac{2\pi n}{L} \quad (n\text{ は整数})$$

と書けることがわかります。これを $k_y$ 軸上に書くと図2-3のようになります。軸上の点の1つ1つがそれぞれ安定な

図2-3 $y$軸上に波数をとると

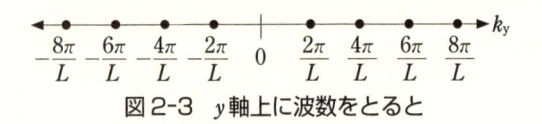

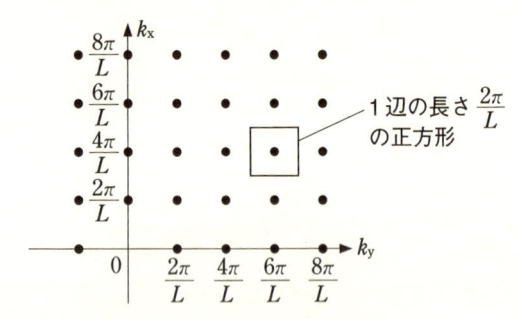

図2-4 $xy$平面に波数をとると

音波の状態を表します。波は$y$軸の正の方向に伝搬する波と$y$軸の負の方向に伝搬する波があるので、$k_y$の負の方向にも波が存在します。図の軸上の点の1つ1つがそれぞれ安定な定在波の状態に対応します。

波長が変わると、波の運動量やエネルギーが変わりますが、これらは波数$k$を使って表せます(たとえば量子力学によると電子波の運動量は、光の波と同じく $p=\hbar k$ です)。したがって、波の状態を表すのに、波長ではなく波数$k$を使う方が便利です。波数は、波長に比べてわかりにくい量かもしれませんが、$2\pi$を波長で割っただけなので、波長が短ければ波数は大きくなり、波長が長ければ波数は小さいという関係です。また、運動量とは$\hbar$倍しか違わないので、ほぼ運動量と見なしてもよいでしょう。

波には、このほかに$x$方向や$z$方向に伝搬するものがあ

ります。3つの軸をいきなり全部考えるのは面倒なので、まず、$y$方向と$x$方向の2つを一緒に考えることにしましょう。すると、先ほどの$k_y$軸に$k_x$軸も加える必要があります。$x$方向に定在波が成り立つ条件も$y$方向の先ほどの条件と同様です。したがって、図2-4のように$k_y$軸上だけでなく$k_x$軸上にも定在波の条件が存在します。この$k_x$, $k_y$面上のそれぞれの格子点の1つ1つが波の状態に対応します。したがってこのとき1辺$\dfrac{2\pi}{L}$の正方形1個に1つの状態が対応します。

この波には、$k_x$, $k_y$, $k_z$方向の3つの振動を持つ波も存在するので、3軸すべてを考えることにしましょう。すると、図2-5のように、1辺$\dfrac{2\pi}{L}$の立方体の1個に1つの状態が対応することになります。これらの格子点の1つ1つが、「開放端の壁を持つコンサートホール」で響く音に対応します。この点と点の間には安定な音(定在波)は存在しないのです。

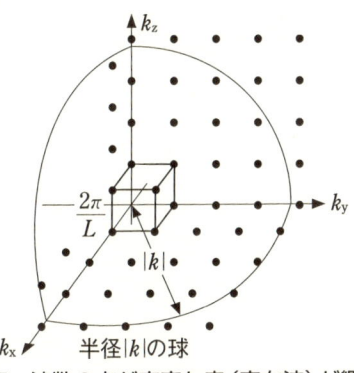

**図2-5 波数の点が安定な音(定在波)が響く点**

## ■1辺Lの立方体の半導体での電子状態の数

これで、1辺の長さLの立方体のコンサートホールでの音の状態の数がわかりました。次にこれを電子に置き換えて考えましょう。電子には"波"としての性質と"粒子"としての性質がありますが、前述のようにここでは波としての性質を考えます。コンサートホールではなく1辺Lの半導体の固まり（**バルク**と呼びます）を考えます。このバルクの中で共鳴して安定に存在できる電子の定在波の種類を数えます。この先の考え方は先ほどの音波の場合とまったく同じです。1辺Lの立方体の半導体のバルクの中で、安定に存在する電子の定在波を考えればよいわけです。したがって、文章を繰り返すのはやめましょう。結果は、図2-5を電子の波のものと考えればよいわけです。

この図で、あるエネルギー$E$から$E+\varDelta E$の範囲にどれぐらいの電子の状態数があるのか考えてみましょう。

電子の運動エネルギーは、野球のボールの運動エネルギーと同じで$E=\dfrac{p^2}{2m}$で表せます。これに、量子力学で習った運動量$p=\hbar k$の関係を使うと（p.205参照）

$$E = \frac{\hbar^2}{2m}k^2$$

となります。波は大きさと方向があるのでベクトルで表現できます。そこで、バルク内の電子の波の波数もベクトルになるので$\vec{k}=(k_x, k_y, k_z)$とすると、波数の絶対値の2乗は

第2章 キャリアの数は？

$$k^2 = k_x^2 + k_y^2 + k_z^2$$

となります。先ほどの図2-5の原点から半径$|k|$($=\sqrt{k^2}$)の球を書くと、半径が小さいほどエネルギーは小さく、半径が大きいほど、大きなエネルギーに対応します。この半径の球の表面に格子点が存在したとすると、その格子点は$E = \dfrac{\hbar^2}{2m}k^2$ のエネルギーを持っている状態です。

状態密度は、「あるエネルギー$E$から$E+\varDelta E$ の間にある電子の状態の数」を表します。図に描くとすると、これらのエネルギーに対応する波数の2つの半径の球を描き、その2つの球の間に挟まれた領域（球殻）の中の状態の数を数えればよいということになります。

これを計算してみましょう。まず、エネルギー$E+\varDelta E$ の球の内側にある状態の数を求めます。それからエネルギー$E$の球の内側にある状態の数を引けばよいということになります。

エネルギー$E$のときの半径$k$は、先ほどの式から

$$k = \dfrac{\sqrt{2mE}}{\hbar}$$

となるので、この内側の体積は球の体積を求める公式「身（3）の上に心配（4π）あーる（$r$）ので参上（3乗）」より

$$\dfrac{4\pi k^3}{3} = \dfrac{4\pi \left(\dfrac{\sqrt{2mE}}{\hbar}\right)^3}{3}$$

です。

　図2-5では、1辺 $\frac{2\pi}{L}$ の立方体1個が1つの状態の点に対応するので $\left(\frac{2\pi}{L}\right)^3$ で割ればこの体積に含まれる状態の数が出てきます。

$$\frac{4\pi\left(\frac{\sqrt{2mE}}{\hbar}\right)^3}{3} \bigg/ \left(\frac{2\pi}{L}\right)^3$$

同様にして半径 $E+\Delta E$ の内側の状態の数は、上の$E$を $E+\Delta E$ で置き換えればよいだけなので

$$\frac{4\pi\left(\frac{\sqrt{2m(E+\Delta E)}}{\hbar}\right)^3}{3} \bigg/ \left(\frac{2\pi}{L}\right)^3$$

です。したがって、2つの球に挟まれた球殻の中の状態の数は、この2つの式の引き算で

$$\frac{4\pi}{3}\left\{\left(\frac{\sqrt{2m(E+\Delta E)}}{\hbar}\right)^3 - \left(\frac{\sqrt{2mE}}{\hbar}\right)^3\right\} \bigg/ \frac{8\pi^3}{L^3}$$

$$= \frac{L^3}{6\pi^2}\left(\frac{\sqrt{2m}}{\hbar}\right)^3 \left(\sqrt{E+\Delta E}^3 - \sqrt{E}^3\right)$$

$$= \frac{L^3}{6\pi^2}\left(\frac{\sqrt{2m}}{\hbar}\right)^3 \left\{(E+\Delta E)\sqrt{E+\Delta E} - E\sqrt{E}\right\}$$

$$= \frac{L^3}{6\pi^2}\left(\frac{\sqrt{2m}}{\hbar}\right)^3 \left\{(E+\Delta E)\sqrt{E}\sqrt{1+\frac{\Delta E}{E}} - E\sqrt{E}\right\}$$

となります。ここで $a$ が十分小さいときは、$\sqrt{1+a} \approx 1 + \frac{1}{2}a$ と近似できるので（テイラー展開という大学1年生で習う近似式によります）、$\frac{\Delta E}{E}$ が十分小さいことを利用すると

$$\approx \frac{L^3}{6\pi^2}\left(\frac{\sqrt{2m}}{\hbar}\right)^3 \left\{(E+\Delta E)\sqrt{E}\left(1+\frac{1}{2}\frac{\Delta E}{E}\right) - E\sqrt{E}\right\}$$

となります。

次に微小な $\Delta E$ を2回かけた項は小さいので無視すると

$$\approx \frac{L^3}{6\pi^2}\left(\frac{\sqrt{2m}}{\hbar}\right)^3 \left\{E\sqrt{E}\left(1+\frac{\Delta E}{2E}\right) + \Delta E\sqrt{E} - E\sqrt{E}\right\}$$

$$= \frac{L^3}{6\pi^2}\left(\frac{\sqrt{2m}}{\hbar}\right)^3 \frac{3}{2}\sqrt{E}\,\Delta E$$

$$= \frac{L^3}{4\pi^2}\left(\frac{\sqrt{2m}}{\hbar}\right)^3 \sqrt{E}\,\Delta E$$

となります。あるエネルギー $E$ での電子状態の数を表す関数を $N(E)$ とおくと、エネルギーの幅 $\Delta E$ の間にある状態の数は $N(E) \cdot \Delta E$ なので

$$N(E) \cdot \Delta E = \frac{L^3}{4\pi^2}\left(\frac{\sqrt{2m}}{\hbar}\right)^3 \sqrt{E}\,\Delta E$$

です。両辺を $\Delta E$ で割ると

$$N(E) = \frac{L^3}{4\pi^2}\left(\frac{\sqrt{2m}}{\hbar}\right)^3 \sqrt{E}$$

となります。これで、1辺の長さ$L$の立方体に含まれる状態の数（＝定在波の種類の数）がわかりました。

これでめでたしめでたしですが、式を見ればわかるように辺の長さ$L$が大きいほど（つまり立方体が大きいほど）この状態の数は大きくなります。そこで、単位体積あたりの状態の数に直しておきましょう。これを体積$L^3$で割ればよいのです。

$$D(E) \equiv \frac{N(E)}{L^3}$$

$$= \frac{1}{4\pi^2}\left(\frac{\sqrt{2m}}{\hbar}\right)^3 \sqrt{E}$$

これで単位体積あたりの状態密度$D(E)$が求まりました。

これは波としての電子の状態の数ですが、量子力学が教えるところによると、1つの波の状態には、アップとダウンの2つのスピンの状態が対応するので、スピンも考慮した電子の状態密度は、この2倍になって

$$D_e(E) = \frac{1}{2\pi^2}\left(\frac{\sqrt{2m}}{\hbar}\right)^3 \sqrt{E} \qquad (2\text{-}1)$$

となります。これが目標としていた状態密度の式です！

この式で重要なことは、状態密度$D_e(E)$がエネルギー$E$の平方根$\sqrt{E}$に比例するということです。グラフに書くと図2-6のようになります。2分の1乗に比例するので、エネルギーが大きくなってもそれよりゆるやかに増加していきます。

エネルギーが大きいほど、状態の数が増えるわけですから、コンサートチケットのたとえ話に戻すと金額が高いほどS席の数が多くなる（S3席の数 > S2席の数 > S1席の数）という奇妙な座席配置のコンサートです。

図2-6の状態密度の形を覚えておきましょう。このように3次元状に広がった半導体（バルク）を対象にしましたが、後に見るように量子井戸と呼ばれる構造を作ると、この状態密度の形を変えることができます。

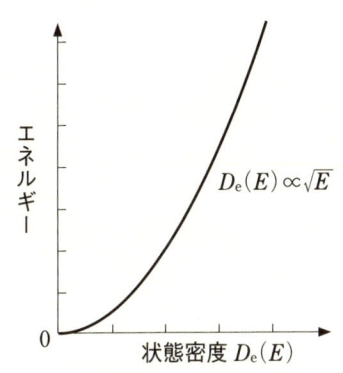

図2-6 状態密度$D_e(E)$は$\sqrt{E}$に比例する

## ■量子統計

電子の状態数がエネルギーの関数としてどのように書けるかがわかりました。次に必要な情報は、これらの状態に電子がどのように分布するかということです。コンサートの座席別チケットのたとえ話に戻ると、S1からS3席までの座席数の情報が得られたので、次に必要な情報は、お客さんの所得の分布です。景気が良ければ、懐具合の良い人

がたくさんいて、S1席だけでなくS2席やS3席もたくさん売れるでしょう。逆に景気が悪ければ、S1席でもほんの少ししか売れないかもしれません。

エネルギーの高いところに多数電子がいるとか、低いところに多数いるとかという「エネルギーと電子分布の関係の概念」を**エネルギー分布**と呼びます（空間的な分布ではありません）。このエネルギー分布は、エネルギー$E$の関数になり（空間的な分布だと位置$x$の関数になります）、統計力学の力をかりて求められます。

電子のエネルギー分布の場合は、エネルギーの低い状態から順に埋まっていきそうだということは直感的にわかります。水が低いところへ流れるように、電子も低いエネルギーの状態に落ちていくでしょう。ところが熱の影響があると、電子のいくつかは熱のエネルギーをもらって、より高いエネルギーの場所にも存在できるようになります。

電子より大きくてニュートン力学の対象となる粒子、たとえば、気体の分子のエネルギー分布がどうなるかは、マクスウェル（1831～1879）とボルツマン（1844～1906）が明らかにしました。**マクスウェル-ボルツマン分布**では、あるエネルギー$E$を持つ粒子が存在する確率$f(E)$は、

$$f(E) = e^{-\frac{E}{k_{\mathrm{B}}T}}$$

と表されます。ここで、$k_\mathrm{B}$と書かれているのは、**ボルツマン因子（ボルツマンファクター）**または**ボルツマン定数**と呼ばれている定数で、

$$k_B = 1.3806 \times 10^{-23} \text{ J/K}$$

です（添え字のBはBoltzmannを表しています）。$T$は温度ですが、普段生活に使っている摂氏ではなく、**絶対温度**です（ちなみに－273℃が絶対温度の0Kで、1度ごとの目盛りの刻み方は同じです）。したがって、0℃は、絶対温度の273K（ケルビン）になります。

この分布では、エネルギーが大きくなるにつれて確率が小さくなるのが特徴です。絶対温度の300Kは、27℃で、人間が生活する普通の部屋の温度に近く、また、キリのよい数字なので、**室温**（room temperature）と呼ばれています。固体物理学の論文の中でよく現れるRTという略語は、この室温を表しています。

それでは、電子はどのような統計に従うのでしょうか。実は、電子はフェルミ（1901～1954）とディラック（1902～1984）が作り上げた**フェルミ－ディラック分布**に従います。マクスウェルやボルツマンより約70年遅く生まれたフェルミとディラックは、量子力学の建設者です。量子力学の対象となる電子は、マクスウェル－ボルツマン分布とは異なるエネルギー分布を示します。フェルミ－ディラック分布に従う粒子は、フェルミ粒子（**フェルミオン**）と呼ばれますが、電子は代表的なフェルミ粒子です。

統計力学が教えるところによると、フェルミ－ディラック分布では、あるエネルギー$E$を持つ粒子が存在する確率$f(E)$は、

$$f(E) = \cfrac{1}{1 + e^{\frac{E - E_F}{k_B T}}}$$

と表されます。分母の中の$E_F$は、**フェルミエネルギー**または、**化学ポテンシャル**と呼ばれている量です(添え字のFはFermiを表しています)。絶対零度での電子の分布を考えた場合では、フェルミエネルギーは、電子が存在できるもっとも高いエネルギーに等しくなります。

この重要なフェルミ-ディラック分布の性質を見ておきましょう。まず、絶対零度に限りなく近い場合($T \approx 0$)を考えてみましょう。この場合、分母の$T$が限りなく小さくなります。このとき、エネルギー$E$がフェルミエネルギー$E_F$より大きい場合は、$e$の$((E - E_F)/k_B T)$乗は正のとても大きな数になるので、フェルミ-ディラック分布関数$f(E)$はゼロになります。一方、エネルギー$E$がフェルミエネルギー$E_F$より小さい場合は、$e$の$((E - E_F)/k_B T)$乗は1よりとても小さな数(ほぼゼロ)になるので、フェルミ-ディラック分布関数は$f(E) = 1$(すなわち100%)になります。フェルミエネルギーより上では0%、下では100%なので、これは図2-7の左図のように階段状の関数になります。

温度が300Kの場合はどうでしょう。計算機で$f(E)$を計算してみると、図2-7の右図のように、フェルミエネルギーより下側にいた電子がフェルミエネルギーより大きなところにも移動します。その結果フェルミエネルギーより大

## 絶対零度
0 K = －273°C

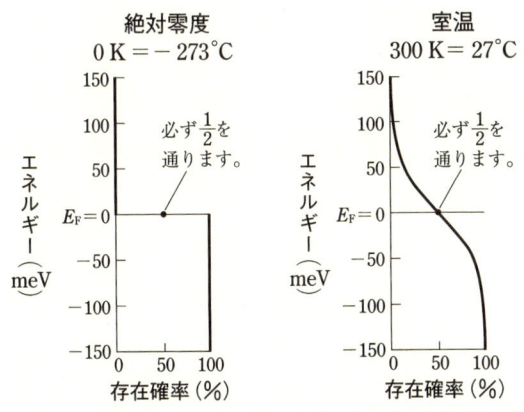

## 室温
300 K = 27°C

（左図）必ず$\frac{1}{2}$を通ります。

（右図）必ず$\frac{1}{2}$を通ります。

エネルギー(meV)／存在確率(％)

このグラフでは、フェルミエネルギー$E_F$をエネルギーの原点にとりました。

**図2-7 フェルミ-ディラック分布**

きなところにも電子が存在するようになります。

なお、フェルミ-ディラック分布では、$E = E_F$を式に代入するとわかるように、エネルギーがフェルミエネルギーのところでは、常に確率は$\frac{1}{2}$になります。これは温度にかかわらず常に成り立ちます。

■フェルミ-ディラック分布をニュートン力学的粒子でたとえると

フェルミ-ディラック分布は電子のような量子力学的な粒子にあてはまるものですが、理解を容易にするために、あえてニュートン力学の対象となる身近な粒子でたとえてみましょう。

身近なものとして水の分子を考えましょう。図2-8のような深い鍋に水を入れて、0°Cに近い温度にしたとしまし

ょう。水には重力が働いているので、重力のポテンシャルエネルギー（位置エネルギー）を考えると、鍋の底が最もエネルギーが低く、逆に水面から上に上がるほど位置エネルギーは大きくなります。0℃に近い場合、温度が低いので水面から蒸発する水の分子はかなり少なく、水面より上に存在する水の分子（つまり水蒸気）はごくわずかです（図2-8の左図）。これは先ほどのフェルミ-ディラック分布の絶対零度に近い状態（図2-7の左図）で、フェルミエネルギーを水面とみなせば、極めて似ていることがわかります。

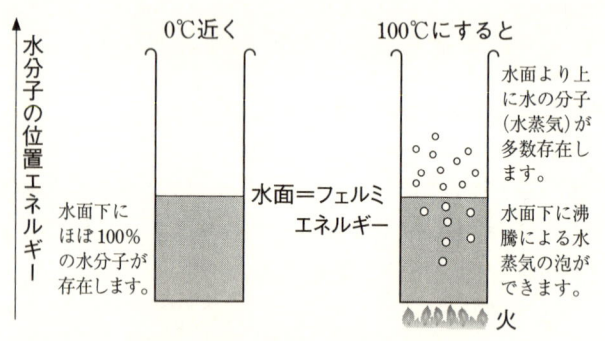

図2-8　フェルミ-ディラック分布をあえてニュートン力学的粒子でたとえると

次に、鍋を熱して100℃にしたとしましょう（図2-8の右図）。水は沸騰しはじめます。このとき、水面より下でも水蒸気が発生して泡となり、泡は上昇して水面ではじけると、水蒸気は上に舞い上がります。このときは水面より下でも多数の泡が発生するので、水の分子は水面下で、もはやぎっしりと詰まっているわけではありません。また、

水面より上にも多数の水の分子が水蒸気として存在します。これは先ほどの図2-7の右図に近い状態です。

「電子にとってのポテンシャルエネルギーは主にクーロン力によるものである」という点は違いますが、このように、「水面＝フェルミエネルギー」のアナロジーを頭に入れておくと、フェルミ-ディラック分布が理解しやすくなります。

### 指数関数

指数関数はマクスウェル-ボルツマン分布やフェルミ-ディラック分布だけでなく物理学の様々な場面で使われる重要な関数です。高校で習った指数関数を思い出すために、$y = e^x$ のグラフを書いてみます。

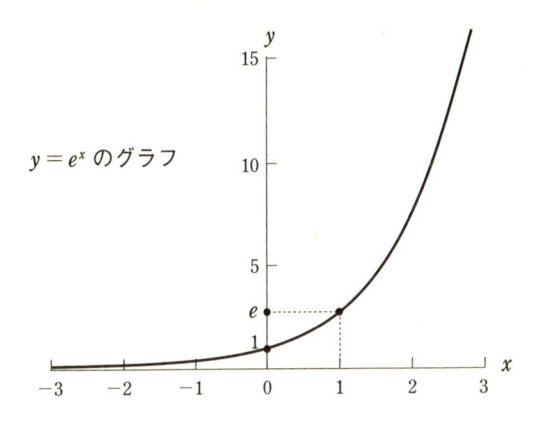

$y = e^x$ のグラフ

指数関数の特徴は、右肩の$x$が0のときは、1になることです（$e^0 = 1$）。まずこれを頭に入れましょう。したがって、プラス側では $y = e^x$ は1より大きくなり、マイナス側では1よ

り小さくなります。プラス側では$x$が大きくなるにつれてどんどん増大していく関数であることと、マイナス側では$x$が小さくなるにつれて減少する関数であることも頭に入れましょう。

次に $x = 1$ の場合も頭に入れましょう。

$$y = e^1$$
$$= 2.718281\cdots$$

なので、$e^0$と$e^1$では約2.7倍違います。これも頭に入れましょう。

さて最後に、$e^x \approx 1$ であるのは$x$がどの程度の値のときなのか見ておきましょう。関数電卓で計算してみるとわかりますが、

 $0.9 < e^x < 1.1$ となるのは、およそ $-0.1 < x < 0.1$ のとき

また、さらに精度を上げて

 $0.99 < e^x < 1.01$ となるのは、およそ $-0.01 < x < 0.01$ のとき

このように$x$が小さいときには

$$e^x \approx 1 + x$$

の近似が成り立ちます。この近似式もよく使われるので覚えておくと便利です。

## ■電子分布はどうなるか

　伝導帯には、半導体の中を自由に移動できる自由電子が存在します。この自由電子は、ここで考えたような自由な電子波の状態にあると言えます。したがって、伝導帯の底を$E_C$とすると、$E_C$を先ほどの状態密度の図2-6のエネルギーの原点とみなすことができます。また、そこから上のエネルギーでの自由電子の状態密度は、先ほど求めた状態密度$D_e(E)$で表せると考えられます。

　まざりもののない純粋な半導体を**真性半導体**と呼びますが、真性半導体では後でみるようにフェルミエネルギーは伝導帯の底と価電子帯の頂上とのほぼ中間にあります。半導体のバンドギャップエネルギーは1 eV程度あるので、その半分だと0.5 eV程度の大きさになります。したがって、フェルミエネルギーと電子の状態密度$D_e(E)$の関係は、図2-9の真ん中の図のように比較的離れています。

　この伝導帯の電子の状態に電子が入る確率はフェルミ-ディラック分布$f(E)$で決まります。絶対零度では、伝導帯に存在する電子はゼロですが、300 K（室温）では、熱の影響によってフェルミ-ディラック分布の形が図2-9の左図のようになり、伝導帯に電子が存在するようになります。したがって、実際の電子の分布はこの2つの掛け算で決まり、右図のようになります。式で書くと伝導帯の電子密度$n$は、

$$n = \int_{E_C}^{\infty} f(E) D_e(E) \, dE \qquad (2\text{-}2)$$

です。この式は、電気の伝導をになう伝導帯に存在する電

子の密度を与える重要な式です。

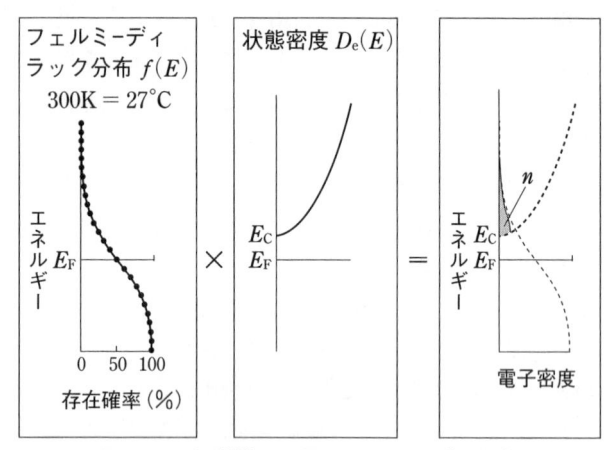

図2-9　伝導帯での電子のエネルギー分布

■ホールのエネルギー分布はどうなるか

次に価電子帯のホールについて考えましょう。ホールのエネルギーは電荷がプラスなので図2-10の左図では下に行くほどエネルギーが大きくなります。このホールの状態密度$D_h(E)$は電子と上下が逆で図2-10の中図のようになります。フェルミ-ディラック分布では、「ホールが存在する確率」=「電子が存在しない確率」なので、$1-f(E)$がホールが存在する確率です（図2-10左図）。したがって、ホールのエネルギー分布はこの2つのかけ算で表され、図2-10のいちばん右の図のようになります。価電子帯のホール密度を式で書くと

$$p = \int_{-\infty}^{E_V} (1-f(E)) D_h(E) dE$$

です。

0Kでは、価電子帯に存在するホールはゼロですが、300K（室温）では、熱の影響によってフェルミ-ディラック分布の形が変わり、価電子帯にホールが存在するようになります。この価電子帯のホールは、伝導帯の電子とともに電気の伝導をになう重要な役割を果たします。

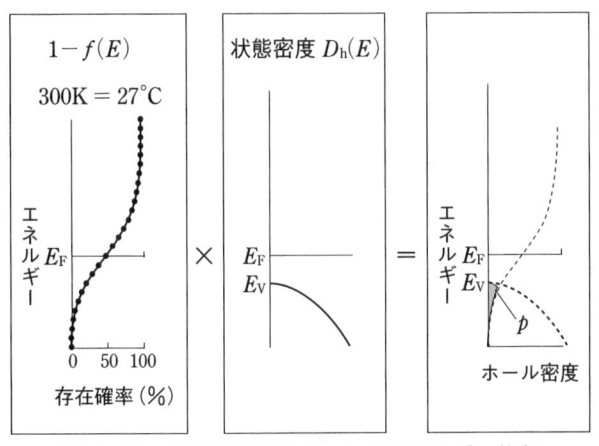

図2-10 価電子帯でのホールのエネルギー分布

## ■伝導帯と価電子帯のキャリア密度

伝導帯に存在する電子の数が多いほど電気は流れやすくなり、価電子帯に存在するホールの数が多いほど電気は流れやすくなります。温度が上がるほどフェルミ-ディラック分布の形は変わって、伝導帯の電子や価電子帯のホール

の数は増え、電気は流れやすくなります。したがって、伝導帯と価電子帯のキャリア密度（電子とホールの密度）の値は、電気が流れやすいかどうかを決める最も重要な量の1つです。この求め方を見ておきましょう。

真性半導体のフェルミエネルギー $E_F$ は後で説明するように禁止帯のほぼ真ん中にあります。バンドギャップエネルギーの大きさは約1eVなので、伝導帯の底近くの電子のエネルギーを $E$ とすると、$E - E_F$ は約0.5eV（= 500 meV）です。一方、$k_B T$ は室温（300K）でも25.9meVなので $E - E_F \gg k_B T$ が成り立ちます。したがって、フェルミ - ディラック分布 $f(E)$ の分母では指数関数の項が1より圧倒的に大きくなるので、次のようにマクスウェル - ボルツマン分布で近似できます。

$$f(E) = \frac{1}{1 + e^{\frac{E - E_F}{k_B T}}} \approx e^{-\frac{E - E_F}{k_B T}} \quad (2\text{-}3)$$

同様に、価電子帯の頂上近くにいるエネルギー $E$ のホールに対しても $E_F - E \gg k_B T$ となるので

$$1 - f(E) = 1 - \frac{1}{1 + e^{\frac{E - E_F}{k_B T}}} \approx e^{-\frac{E_F - E}{k_B T}}$$

と近似できます。これもマクスウェル - ボルツマン分布で近似できます。

実は大学レベルの半導体工学の一般的な教科書や参考書

でフェルミ-ディラック分布をそのまま計算に使うことはまずありません。というのは、フェルミ-ディラック分布をそのまま積分に使うと積分が難しくなるからです。また、マクスウェル-ボルツマン分布の近似で物理的に間に合う場合が多いからです。

伝導帯中の電子の密度$n$は、(2-1) 式と (2-3) 式を (2-2) 式に代入して求めます。積分のエネルギー範囲は伝導帯の底$E_C$から無限大までです。また電子の質量には、伝導帯での有効質量$m_e^*$を使います。すると電子密度$n$は

$$n = \int_{E_C}^{\infty} f(E) D_e(E) dE$$

$$= \frac{8\sqrt{2}\pi}{h^3} \left(m_e^*\right)^{\frac{3}{2}} e^{\frac{E_F}{k_B T}} \int_{E_C}^{\infty} \sqrt{E - E_C}\, e^{-\frac{E}{k_B T}} dE$$

となります。なお厳密には積分の上限は伝導帯頂上のエネルギーにすべきですが、伝導帯頂上付近では$E_F$から大きく離れるのでマクスウェル-ボルツマン分布の確率はほぼゼロになります。したがって、積分の上限を∞に置き換えて問題ありません。

ここで積分を簡単にするために変数変換 $x = \dfrac{E - E_C}{k_B T}$ を行います。すると

$$\frac{dx}{dE} = \frac{1}{k_B T}$$

$$\therefore \quad dE = k_B T dx$$

になるので、積分は

$$\int_{E_C}^{\infty}\sqrt{E-E_C}\,e^{-\frac{E}{k_BT}}dE = \int_{E_C}^{\infty}\sqrt{k_BTx}\,e^{-x-\frac{E_C}{k_BT}}dE$$

$$= \int_{0}^{\infty}\sqrt{k_BTx}\,e^{-x-\frac{E_C}{k_BT}}k_BTdx$$

$$= (k_BT)^{\frac{3}{2}}e^{-\frac{E_C}{k_BT}}\int_{0}^{\infty}\sqrt{x}\,e^{-x}dx$$

となります。ここでさらに

$$\int_{0}^{\infty}\sqrt{x}\,e^{-x}dx = \frac{\sqrt{\pi}}{2} \qquad (2\text{-}4)$$

の積分公式を使うと(と言っても高校生や大学生でこの積分公式をご存じの方はまずいないと思いますが)、電子密度は

$$n = 2\left(\frac{2\pi m_e^* k_BT}{h^2}\right)^{\frac{3}{2}}e^{-\frac{E_C-E_F}{k_BT}}$$

となります。前の係数をまとめて

$$N_C \equiv 2\left(\frac{2\pi m_e^* k_BT}{h^2}\right)^{\frac{3}{2}}$$

と定義すると、

$$n = N_C e^{-\frac{E_C-E_F}{k_BT}} \qquad (2\text{-}5)$$

となります。こう置き換えると図2-11のように伝導帯の底$E=E_C$に$N_C$個の電子状態が実効的に集中して存在すると仮定し、それにマクスウェル-ボルツマン分布がかか

っているとみなすことができます。この$N_C$を伝導帯の**実効状態密度**（effective density of states）と名付けます。

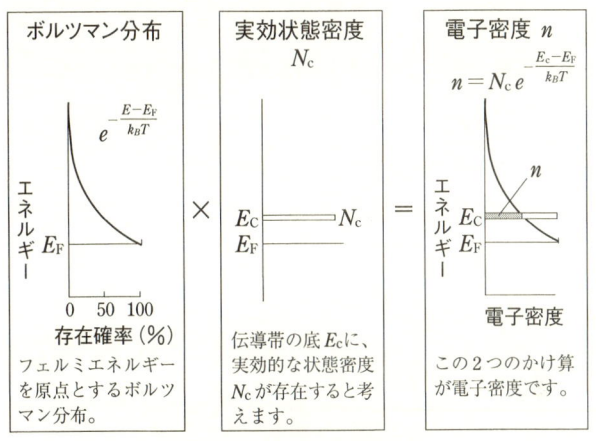

**図2-11 伝導帯の電子密度**

このように伝導帯の電子密度を求めましたが、同じように価電子帯中のホールの密度$p$も求められます。

$$p = \int_{-\infty}^{E_V} (1-f(E))D_h(E)dE$$

$$= 2\left(\frac{2\pi m_h^* k_B T}{h^2}\right)^{\frac{3}{2}} e^{-\frac{E_F - E_V}{k_B T}}$$

$$\equiv N_V e^{-\frac{E_F - E_V}{k_B T}} \qquad (2\text{-}6)$$

$m_h^*$はホールの有効質量です。ここでも

$$N_V \equiv 2\left(\frac{2\pi m_h^* k_B T}{h^2}\right)^{\frac{3}{2}}$$

を価電子帯の実効状態密度と定義します。こう置くことによって図2-12のように価電子帯の頂上 $E=E_V$ に $N_V$ 個の状態が集中しているとみなすことができます。

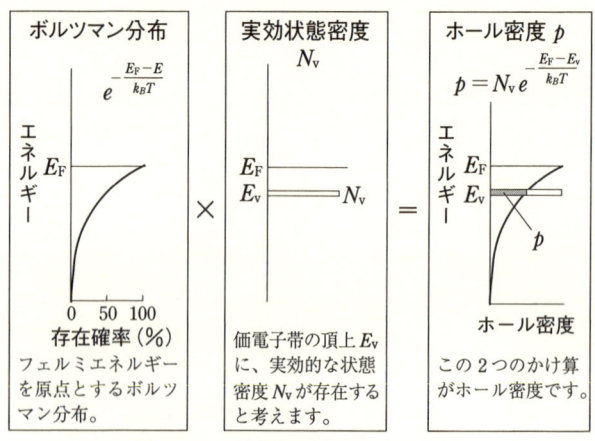

| ボルツマン分布 | 実効状態密度 | ホール密度 $p$ |
|---|---|---|
| $e^{-\frac{E_F-E}{k_BT}}$ | $N_v$ | $p = N_v e^{-\frac{E_F-E_v}{k_BT}}$ |
| エネルギー、$E_F$、存在確率(%) 0 50 100 | $E_F$、$E_v$、$N_v$ | エネルギー、$E_F$、$E_v$、$p$、ホール密度 |
| フェルミエネルギーを原点とするボルツマン分布。 | 価電子帯の頂上 $E_v$ に、実効的な状態密度 $N_v$ が存在すると考えます。 | この2つのかけ算がホール密度です。 |

図2-12 価電子帯のホール密度

 この実効状態密度、何のためにあるのだろうと考える方が多いと思います。理由は単純で、図2-9と図2-11を比べればわかりますが、モデルがとても簡単になることです。もともとの状態密度だと、積分しないとキャリア密度が出ませんが、実効状態密度では積分がすんでいます。したがって、(2-5) 式や (2-6) 式を使って簡単にキャリア密度を求められます。

■質量作用の法則
 真性半導体では、価電子帯の電子が伝導帯に上がることによって自由電子とホールができるので、伝導帯の電子密

度$n$と価電子帯のホール密度$p$は等しくなります。この密度を**真性密度**$n_i$と呼ぶことにします。式では以下のような関係になります。

$$n = p = n_i \qquad (2\text{-}7)$$

この関係から、

$$n_i^2 = np$$

となりますが、熱平衡状態で成り立つこの関係を**質量作用の法則**(law of mass action)と呼びます。質量作用の法則というのは聞き慣れない言葉ですが、化学反応式などを扱う領域では馴染みのある言葉のようです。

また、この式の平方根をとって先ほど求めた$n$と$p$を代入すると、真性密度が求まります。

$$n_i = \sqrt{N_C N_V}\, e^{-\frac{E_C - E_V}{2k_B T}}$$

$$= \sqrt{N_C N_V}\, e^{-\frac{E_g}{2k_B T}} \qquad (2\text{-}8)$$

ここで、$E_g = E_C - E_V$は伝導帯と価電子帯の間のバンドギャップエネルギーです。この式からわかるように、真性密度は物質の3つの特性、すなわち伝導帯の実効状態密度$N_C$、価電子帯の実効状態密度$N_V$、バンドギャップエネルギー$E_g$と温度$T$だけで決まる定数です。

## ■実験によるバンドギャップエネルギーの求め方

バンドギャップエネルギーは、半導体の性質を決める重要な量の1つですが、実験でどのように求めればよいでしょうか。発光する半導体では、伝導帯の底から、価電子帯の頂上へ電子が落ちるときの発光の波長を調べれば、バンドギャップエネルギーは求まります。しかし、シリコンのような光らない半導体ではこの方法は使えません。

そこで、活躍するのが（2-8）式の関係です。というのは、以下に見るようにこの式で伝導電子の密度$n$の自然対数$\log_e n$を絶対温度の逆数$\frac{1}{T}$の関数としてグラフにすると両者は直線関係となり、その傾きから禁止帯幅$E_g$が求まるからです。式で見てみましょう。（2-8）式の対数をとります。また、（2-7）式の $n = n_i$ の関係も使います。すると、

$$\log_e n = \log_e \sqrt{N_C N_V}\, e^{-\frac{E_g}{2k_B T}}$$

$$= \log_e \sqrt{N_C N_V} + \log_e e^{-\frac{E_g}{2k_B T}}$$

$$= \log_e \sqrt{N_C N_V} - \frac{E_g}{2k_B} \frac{1}{T}$$

$$\qquad\quad 切片 \qquad\quad 傾き$$

となります。グラフにすると図2-13のようになり、異なる温度での電子密度$n$を測定できれば、この傾きからバンドギャップエネルギー $E_g$ が求められます。キャリア密度を求める測定方法には、後で説明するホール測定などがあります。

なお、この式の変形では、高校で習う

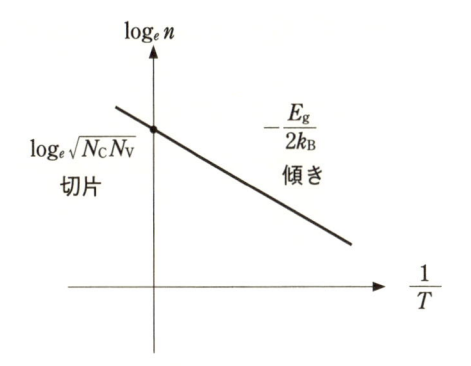

図2-13 直線の傾きでバンドギャップエネルギーがわかる

$$\log_e ab = \log_e a + \log_e b$$
$$\log_e e^c = c$$

の2つの対数の公式を使っています（忘れていた方は思い出して下さい）。

この方法を用いてシリコンのバンドギャップエネルギーを求める実験は、理工系の大学の3年生程度の学生実験に組み込まれている場合が多いので、チャンスのある方は挑戦してみるとおもしろいでしょう。**実験装置を操って物理量を弾き出すおもしろさは、活字のおもしろさとは異なる格別のものがあります。**

■フェルミエネルギーの位置

先ほどの $n = p$ の関係（伝導帯の電子数＝価電子帯のホール数）を使うと、フェルミエネルギー $E_F$ も求められます。伝導帯や価電子帯のキャリア数を求めるためには、

フェルミエネルギー $E_F$ の値はなくてはならない重要なものです。

(2-5) 式と (2-6) 式をこの関係に入れると

$$N_C e^{-\frac{E_C - E_F}{k_B T}} = N_V e^{-\frac{E_F - E_V}{k_B T}}$$

となります。両辺の対数をとって、

$$\log_e N_C - \frac{E_C - E_F}{k_B T} = \log_e N_V - \frac{E_F - E_V}{k_B T}$$

となります。さらに $E_F$ について解くと

$$\begin{aligned}
E_F &= \frac{1}{2}(E_C + E_V) + \frac{1}{2} k_B T \log_e \left(\frac{N_V}{N_C}\right) (\leftarrow N_C \text{と} N_V \text{を代入します})\\
&= \frac{1}{2}(E_C + E_V) + \frac{3}{4} k_B T \log_e \left(\frac{m_h^*}{m_e^*}\right)\\
&= \frac{1}{2}(E_C - E_V) + E_V + \frac{3}{4} k_B T \log_e \left(\frac{m_h^*}{m_e^*}\right)\\
&= \frac{E_g}{2} + E_V + \frac{3}{4} k_B T \log_e \left(\frac{m_h^*}{m_e^*}\right)\\
&= \frac{E_g}{2} + \frac{3}{4} k_B T \log_e \left(\frac{m_h^*}{m_e^*}\right) (\leftarrow E_V = 0 \text{としました})
\end{aligned}$$

となります。エネルギーの原点はどこにとってもよいので、最後の等式で価電子帯の頂上を原点 ($E_V = 0$) にしました。ホールの有効質量 $m_h^*$ は電子の有効質量 $m_e^*$ の5〜10倍であり、$k_B T$ は300Kでも25.9meVです。これに対して

バンドギャップエネルギーの大きさは、
$E_g \approx 1\text{eV} = 1000\text{meV}$なので、第1項の$\frac{E_g}{2}$に比べて第2項は無視できます。したがって、真性半導体のフェルミエネルギーは価電子帯の頂上と伝導帯の底の間のほぼ中央（バンドギャップの中央）にあることがわかります。

## 自然対数

自然対数に久々に出会ったという読者も少なくないと思うので、ほんの少しだけ復習しておきましょう。この図は$y = \log_e x$ のグラフです。$y$は、$x = e^y$ を満たす数で、また、$e = 2.718281\cdots$です。

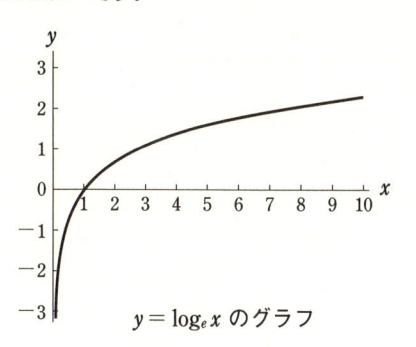

$y = \log_e x$ のグラフ

このグラフの特徴は、$x$が1より大きい場合と小さい場合で大きくその挙動を変えることです。

まず$x$が1より大きい場合は$y$はプラスで、1より小さい場合は$y$はマイナスです。

次に、1から$x$が大きい方へ目で追っていくと、$y$は大きくなるものの、ゆるやかにしか増加しないことがわかります。$x = 10$ でも $y = 2.3$ ですし、このグラフに書ききれないので

すが $x=100$ でも $y=4.6$ です。$x=1000$ でも $y=6.9$ です。

ところが、1から $x$ が小さい方へ目で追っていくと、ゼロまでの間に急激に減少していくことがわかります。$x=0.1$ で $y=-2.3$、$x=0.01$ で $y=-4.6$、$x=0.001$ で $y=-6.9$ です。

それから、今さらですが、**$x$ がマイナスの場合は無い**ということを再確認しておきましょう。自然対数のこれらの特徴的な振る舞いを覚えておくと便利です。

## ■n型半導体とp型半導体

真性半導体では、ここまでに見たように室温で伝導帯に電子が存在しますが、通常私たちの身近にある金属などの電子数に比べるとはるかに少なく、実はあまり電気は流れません。つまり電気抵抗がかなり大きいわけです。ですから、これでは電気を流すデバイスに使うには適当ではありません。何か人工的に細工をして電気の流れやすい半導体を作る必要があります。この人工的に細工を施した半導体を、n型半導体とかp型半導体と呼びます。

まず、n型半導体を見てみましょう。シリコンを例にして考えます。SiはⅣ族の元素なので、結合の手を作る電子を4個持っています。図2-14のように、このSiの代わりにところどころでⅤ族の元素を少し混ぜてみましょう。Ⅴ族の元素は、結合の手を作る電子を5個持っています。結合の手を作る電子は各原子あたり4個あればよいので、Ⅴ

第2章 キャリアの数は？

V族の原子には、4つの結合の手に寄与しない5番目の電子が存在します。5番目の電子は、V族の原子核のクーロン力にひかれて、そのまわりを回っています。

図2-14

この電子が、まわりの環境から熱エネルギーをもらって、数十 meVのクーロン力を振り切れれば、自由に動き回れる自由電子になります。また、V族の原子は電子が1個減るので、プラスに帯電します。帯電した原子をイオンと呼ぶので、このエネルギーをイオン化エネルギーと呼びます。

V族の原子を多く埋め込むほど、室温では多数の自由電子が存在します。

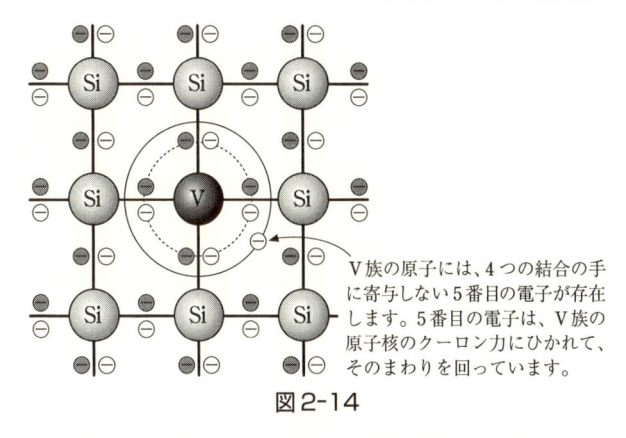

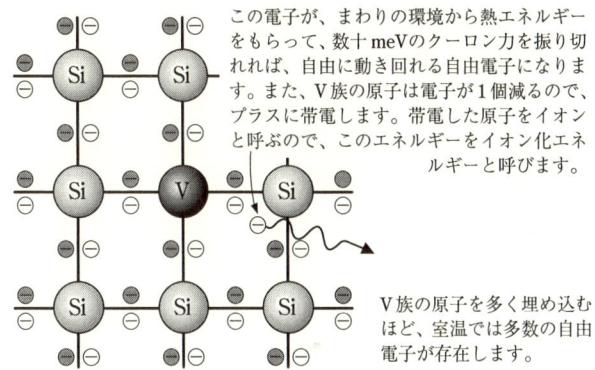

図2-15 室温のn型半導体には自由に動ける電子が存在する

族の元素を部分的に混ぜると、電子が1個余ります。この余った電子が自由に動いてくれれば、電気の流れやすい半導体ができることになります。

実際は、この電子はV族の元素の原子核とクーロン力で結びついています。したがって、この電子のエネルギーは

伝導帯の底より少し低く、自由に動き回れるわけではありません（この電子がいる軌道をドナー準位と呼びます）。しかし、このクーロン力のエネルギーは数十meV程度なので、室温では、熱エネルギーをもらってかなりの割合の電子が伝導帯に上がって自由に動き回ります（図2-15）。したがってドープ量（混ぜる量）を多くすると、かなり電気の流れやすい半導体になります。この半導体では負（negative）の電荷である電子が多数あって電気を流すので**n型半導体**と呼びます。また、n型半導体を作るために混ぜたV族の原子を**ドナー**と呼びます。電子を供給するのでドナーと呼ぶわけです。

逆に**p型半導体**は、正（positive）の電荷であるホールが多数あって電気を流す半導体です。Siのかわりにところどころで III 族の元素を少し混ぜます。III 族の元素は、結合の手を作る電子を3個しか持っていません。結合の手を作る電子は各原子あたり4個必要なので、III 族の元素を部分的に混ぜると、そこでは電子が1個足らないことになります。この足らない電子を補うために隣のSi原子の電子が移動すれば、そのSi原子の価電子帯に正孔ができることになります（図2-16）。実際には、電子が移動しているのですが、ホールに注目して考えると、ホールが移動していると見なすことができます。このように価電子帯をホールが移動していくのがp型半導体です。

絶対零度ではホールは、まわりのSiの原子核よりプラス電荷が1つ少ない III 族の原子核にクーロン力でひきつけられていて動き回れないのですが（この軌道をアクセプタ

(1) Ⅲ族の原子では、結合の手に寄与する電子が1個足りません。ここ (A) は、電子の穴です。

(2) ここに、隣のシリコンの電子が入ると、電子がもといた場所 (B) に穴 (ホール) ができます。この B の位置に移ったホールは、もはやⅢ族の原子核のクーロン力に束縛されず自由に動けます。

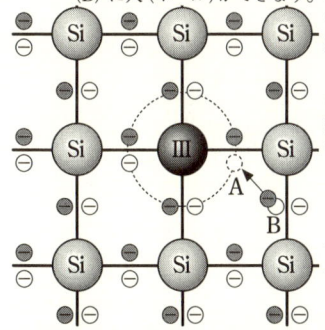

(3) これを別の見方で考えると、Si よりプラス電荷が1つ少ないⅢ族の原子核を、まわりに比べて、マイナスに帯電していると考え、Ⅲ族の電子の穴をホールと考えることもできます。このホールは、Ⅲ族の原子核にクーロン力で引きつけられて、まわりを回っていますが、クーロン力に打ち勝つ熱エネルギーをもらえれば、自由なホールになれます。

**図 2-16 p 型半導体はホールがキャリアになる**

準位と呼びます)、温度が上がって室温になるとこのクーロン力を振り切って価電子帯に上がるホールの数が増え、電気の流れやすい半導体になります。この p 型半導体を作るⅢ族の原子を**アクセプタ**と呼びます。他の原子の電子を受け入れる (accept) ので、アクセプタと呼ぶわけです。

このドナー準位やアクセプタ準位のエネルギーの位置を図示したのが、図 2-17 です。ドナー準位や、アクセプタ準位では、Ⅴ族やⅢ族の原子核にクーロン力で引きつけられているので、伝導帯の底や価電子帯の頂上より、数十 meV エネルギーが低くなっています。

室温では、熱エネルギーをもらって、n 型半導体ではドナー準位から伝導帯へ多くの電子が移動し、p 型半導体ではアクセプタ準位から価電子帯へ多くのホールが移動します。電子が抜けた後のドナー原子はプラスに帯電する（つ

まりイオン化する)ので、このエネルギーをイオン化エネルギーとも呼びます。

電子のエネルギー

図中:
- 伝導帯（$E_c$）
- イオン化エネルギー（数十meV）
- ドナー準位
- 禁止帯
- アクセプタ準位
- イオン化エネルギー
- 価電子帯（$E_v$）
- ホール

ドナー準位から、伝導帯に電子が上がると、ドナー原子はプラスに帯電します。

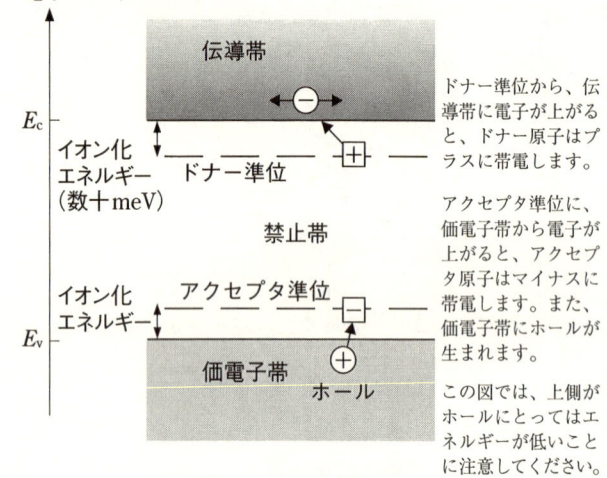

アクセプタ準位に、価電子帯から電子が上がると、アクセプタ原子はマイナスに帯電します。また、価電子帯にホールが生まれます。

この図では、上側がホールにとってはエネルギーが低いことに注意してください。

図2-17　不純物半導体のバンド

■不純物半導体のキャリア密度

　ドナーやアクセプタのような不純物を混ぜた半導体を不純物半導体と呼びます。この不純物半導体のキャリア密度について考えることにしましょう。簡単のために、ドナーだけがドープされた(混ぜた)場合を考えます(アクセプタだけがドープされた場合も同じように考えることができます)。ドナーのエネルギー準位は図2-17のように伝導帯の少し下にあります。このわずかなエネルギー差をとびこえて電子が伝導帯に上がると自由に動き回れる伝導電子に

なるわけです。このドナー準位から伝導帯に上がる電子の数は統計力学を使ってきちんと求めることができますが、ここでは近似を使います。

どのような近似かというと、n型半導体の伝導帯のキャリア密度$n$も、真性半導体と同じく（2-2）式で表せると考えるのです。

$$n = \int_{E_C}^{\infty} f(E) D_e(E) dE \qquad (2\text{-}2)$$

$$= \int_{E_C}^{\infty} \frac{1}{1 + e^{\frac{E-E_F}{k_B T}}} D_e(E) dE$$

もっとも、この式は本来真性半導体のためのもので、多数のドナー準位の効果をこのままでは反映していません。そこで、実際のn型半導体の電子密度と等しくなるように、フェルミエネルギーを選ぶことにします。このフェルミエネルギーはドナーの効果を反映させた便宜的なもので、**擬フェルミエネルギー**と呼ばれています（多くの教科書や参考書では「n型半導体のフェルミエネルギー」と呼んでおり、その場合は擬フェルミエネルギーという言葉を、電圧がかかったり光が照射されたりして過剰なキャリアがある場合に限定して使います）。

ドナー準位が多数あると、伝導帯に上がる電子も多数あるわけですから、（2-2）式の真性半導体のモデルでこれを説明しようとすると、図2-18のように擬フェルミエネルギー$E'_F$をずっと上の方の伝導帯の底に近づけて自由電子

の存在確率を増やす必要があります。ということで、ドナーがドープされた半導体の擬フェルミエネルギー $E'_F$ は伝導帯に極めて近くなります。

図2-18の右の図のスミ網の部分が電子密度 $n$ のエネルギー分布を表しますが、**この形は第4章のpn接合の図に何度も現れる**ことになります。

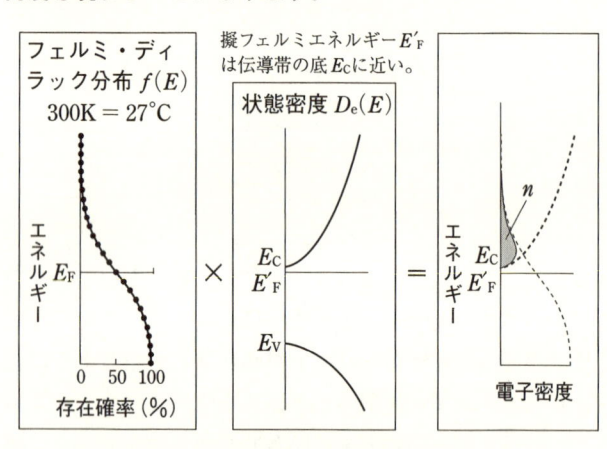

図2-18　n型半導体の伝導帯の電子密度 $n$

■擬フェルミエネルギーを求める

一例として、$n$ 型半導体の各ドナー原子がすべてイオン化している場合（すべてのドナーから電子が伝導帯に上がっている場合）の擬フェルミエネルギー $E'_F$ を求めてみましょう。ここで、ドナー密度 $N_D$ は、価電子帯から伝導帯に上がっている電子の密度より十分大きいとしましょう。この場合、伝導帯のキャリア密度 $n$ はドナー密度 $N_D$ に等

しくなります。

$$n = N_D$$

(注：実際には、シリコンにリンやヒ素などのドナーを入れたときのイオン化エネルギーは40〜50meVぐらいあります。それに対して、室温の熱エネルギーの目安である $k_B T$ は25.9meVで相対的に小さいので、ドナー全部がイオン化しているとは言えないのですが、ここは簡単化した特例を考えるということです）

実際に求めてみると、まず、

$N_D = n$

$$= \int_{E_C}^{\infty} f(E) D_e(E) dE$$

$$= \int_{E_C}^{\infty} \frac{1}{1+e^{\frac{E-E'_F}{k_B T}}} D_e(E) dE$$

$$\approx \frac{8\sqrt{2}\pi}{h^3} \left(m_e^*\right)^{\frac{3}{2}} e^{\frac{E'_F}{k_B T}} \int_{E_C}^{\infty} \sqrt{E-E_C}\, e^{-\frac{E}{k_B T}} dE$$

$$= N_C\, e^{-\frac{E_C - E'_F}{k_B T}}$$

となります。$E_F$ が $E'_F$ に替わったこと以外は（2-5）式と同じです。

これまでは $E - E_F$ が大きいときだけマクスウェル-ボルツマン分布で近似してきたわけですから、勘の良い読者の方は、伝導帯に擬フェルミエネルギーが近づいているの

に、マクスウェル-ボルツマン分布で近似してよいのかと疑問に思われるでしょう（この式の ≈ の部分）。ここのところは、その程度の粗（あら）い精度で擬フェルミエネルギーを見積もっていくことを意味しています。

この式

$$N_D = N_C \, e^{-\frac{E_C - E'_F}{k_B T}}$$

から、左辺に $E'_F$ を取り出しましょう。両辺を $N_C$ で割って、対数をとります。

$$\log_e e^{-\frac{E_C - E'_F}{k_B T}} = \log_e \frac{N_D}{N_C}$$

$$\therefore -\frac{E_C - E'_F}{k_B T} = \log_e \frac{N_D}{N_C}$$

$$\therefore E'_F = E_C + k_B T \log_e \frac{N_D}{N_C}$$

これで擬フェルミエネルギーが求められました。

この擬フェルミエネルギーは伝導帯の底と比べて、どのあたりにあるのでしょうか。ここでドナー密度 $N_D$ は、通常は伝導帯の実効状態密度 $N_C$ より小さいので（シリコンの場合、室温で $N_C = 2.8 \times 10^{19}/\text{cm}^3$ です）、対数の項はマイナスになります。また、$k_B T$ は室温で25.9meVなので、右辺の第2項は、マイナス数十meVから100meV程度です。したがって、n型半導体の擬フェルミエネルギーは数十meV程度、伝導帯の底 $E_C$ より下にあることになります。

なお、ここではn型半導体の擬フェルミエネルギーを求

めましたが、p型半導体のホール密度を表すために、同じように擬フェルミエネルギーを適用できます。p型では、擬フェルミエネルギーは数十mevから100meV程度、価電子帯の頂上より上になります。

■擬フェルミエネルギーを使った少数キャリア密度

　擬フェルミエネルギーを使って、n型半導体の伝導帯の多数キャリアである電子の密度を表せるようになりました。しかし、この擬フェルミエネルギーを使って少数キャリアであるホールの密度を求めるのは、あまり良い近似とは言えません。たとえば、n型半導体の擬フェルミエネルギーは図2-18のように伝導帯にかなり近づいています。したがって、この擬フェルミエネルギーを使ってn型半導体のホール密度を計算すると、真性半導体のフェルミエネルギーを使って計算した値にくらべてとても小さな値になってしまいます。

　もっと正確に求める必要がある場合には、n型半導体のホールのための擬フェルミエネルギーを別に定義して計算します。

　さて、これで伝導帯や価電子帯にいるキャリアの数を求めることが可能になりました。数学的には一見大変そうなところがあったかもしれませんが、ご覧いただいておわかりいただけたように高校の数学の知識で間に合いました。読者の皆さんは大きな山をまた一つ乗り越えたのです。次はいよいよこのキャリアを動かす（つまり、半導体に電気

を流す)場合を考えることにしましょう。

# 第3章

# 半導体の中の電流

■電流には2種類ある

 伝導帯と価電子帯のキャリア数の理解を深めたので、次にこのキャリアを動かす(つまり、半導体に電気を流す)場合を考えることにしましょう。

 半導体の伝導帯を流れる電子や、価電子帯を流れるホールの電流には2種類あります。1つは、半導体に電界をかけたときに流れる電流で、これを**ドリフト電流**と呼びます。金属の電線に電池をつなぐと電流が流れますが、これがドリフト電流です。英語のdriftには、「(風などが)吹き流す」という意味があります。この場合の風に相当するのは電界です。このドリフト電流は、みなさんが中学校で習った**オームの法則**で表せる電流のことです。

 もう1つは、**拡散電流**です。こちらは電界とは関係ない電流で、キャリア密度の高いところからキャリア密度の低いところへ流れるというもので、後で説明します。まず、ドリフト電流とオームの法則の関係から見ていきましょう。

■ドリフト電流とオームの法則

 オームの法則をまず思い出してみましょう。電池に電気抵抗をつないだ回路を考えます。この抵抗の両端の電位差$V$と、抵抗を流れる電流$I$との間に

$$V = RI$$

の正比例の関係が成り立ちます。これがオームの法則で

第3章 半導体の中の電流

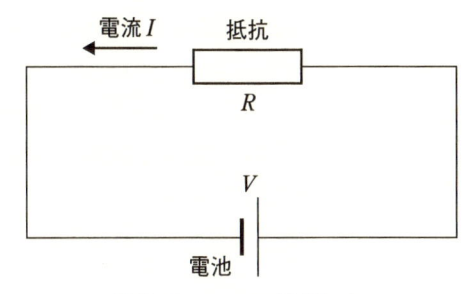

図3-1 $V=RI$ が成り立つ

す。ここで比例係数 $R$ を抵抗値と呼び、その単位をオーム（Ω）と呼びます。これは私たちが普段使う電線などで普通に成り立つ関係です。

この関係を発見したのはプロイセン（現ドイツ）の高校の教師オーム（1789〜1854）で、抵抗値の単位も彼の名にちなんだものです。しかし、彼のこの法則は当時のプロイセンでは受け入れられず、当時の文部大臣までオームの法則は荒唐無稽であると断言したほどでした。オームの法則はまずイギリスの王立協会によって認められました。イギリスで認められた結果、ようやく本国でも評価されるようになり、オームは62歳にして大学教授になりました。

金属の電線や半導体の中ではオームの法則が成り立ちますが、ミクロに見ると、いったい何が起こっているのでしょうか。

電池の陽極と陰極を1本の銅線でつないだ場合を考えてみましょう。この場合、銅線の中には一様な電界 $E$ が生じます。電界 $E$ がある場合には、電荷 $q$ を持つ電子には力 $F=qE$ が働きます。一定の力が働くということは、

どんどん電子が加速されることを意味します。したがって、銅線の電子の入り口である陰極側より、出口である陽極側で電子の速度は速くなると考えられます。ところが、実際の銅線では、入り口と出口で電子の速度は同じです。

この矛盾しているように見える現象は、ある1つの要素を導入することによって解決できます。私たちが見落としていた現象が銅線の中で起こっているのです。それは**電子の散乱**です。散乱とは、走っている電子が何かと衝突し、走る方向が曲げられたり、速度が落ちたり、跳ね返されたりする現象です。銅線の中でいちばん多い衝突は、銅線の原子との衝突です。電子と原子が衝突すると、電子は運動エネルギーを失い、そのエネルギーは原子の振動に換わります。原子の振動とは、私たちが「熱」と呼んでいるものです。銅線の中では、電子は始終原子とぶつかりながら前に進んでいきます。このため、電界によってどんどん加速されるのではなく、平均すると一定の速さで進むのです。その間、電界から電子がもらった運動エネルギーは、原子の振動に換わって熱が発生することになります。皆さんが髪を乾かすときに使うドライヤーの中では、ニクロム線が赤熱して熱を出しています。ニクロム線が熱を出すのはここで見た現象が起こっているからです。

この散乱とオームの法則の関係を見てみましょう。まず、電子の散乱と散乱の間の平均の時間を$T$とします。この時間$T$の間に、電子は電界によって$F=qE$の力を受けるので、加速度$a$は$\frac{qE}{m}$です。したがって、$T$秒後

第3章 半導体の中の電流

静止していた電子が電界によって加速され、
原子にぶつかるまでの平均時間を$T$とします。

電界の強さ$E$

**図3-2 電界が銅線の電子を加速する**

の電子の速度は、$\frac{qET}{m}$になります。電子の散乱のされ方は様々ですが、問題を簡単化して電子が原子にぶつかるとエネルギーを失って静止すると考えることにしましょう。その後また加速され、散乱によって停止し、また、加速されるという過程を繰り返しながら電子は進んでいくと考えるのです。この散乱と散乱の間の等加速度運動の間に移動する距離$l$は、

$$l = \frac{1}{2} a T^2$$
$$= \frac{qET^2}{2m}$$

なので、散乱と散乱の間の平均の速さ$v$はこれを時間$T$で割って、

$$v = \frac{qET}{2m}$$

$$= \frac{\frac{qT}{2}}{m} E$$

$$= \mu_e E \qquad (3\text{-}1)$$

となります。つまり、電子の速度は電界$E$に比例します。この比例定数$\mu_e$を**電子移動度**と名付けます。

$$\mu_e \equiv \frac{\frac{qT}{2}}{m}$$

$$= \frac{q\tau}{m}$$

です。なお、ここで**電子緩和時間**$\tau$を$\tau \equiv \frac{T}{2}$で定義しました。

この電子移動度は、(3-1) 式のように電界をかけるとどれぐらいスピードが出るかを表します。したがって、半導体の性能を決める重要な物理量です。電子移動度が大きければ、小さな電界でも速いスピードを出すことができます。

電子の密度を$n$とすると、電流密度（単位断面積あたりの電流）$J$は、電荷×電子密度×速度 なので

第3章 半導体の中の電流

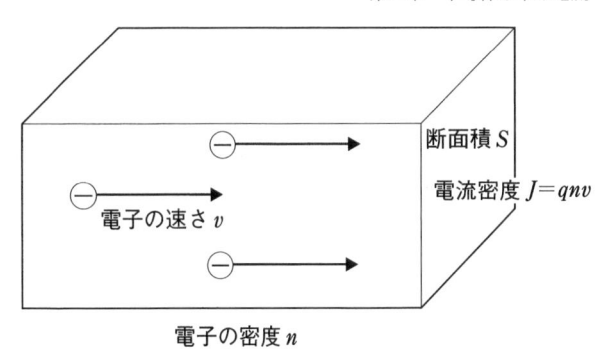

**図3-3　電流 $I$＝電流密度 $J$×断面積 $S$**

(図中ラベル: 断面積 $S$、電流密度 $J=qnv$、電子の速さ $v$、電子の密度 $n$)

$$J = qnv$$
$$= qn\mu_e E \qquad (3\text{-}2)$$

となります。長さ $L$ の電線（または半導体）の電位差が $V$ であったとすると、電界の大きさ $E$ は $\dfrac{V}{L}$ なので、電流（＝電流密度 $J$×断面積 $S$）は

$$I = \frac{qn\mu_e VS}{L}$$

となります。左辺に $V$ が来るようにこれを書き直すと、

$$V = \frac{L}{qn\mu_e S} \times I$$

となります。

$$R \equiv \frac{L}{qn\mu_e S} \qquad (3\text{-}3)$$

とおけば、オームの法則

$$V = RI$$

が成り立つことがわかります。

　ここでは抵抗$R$の中身が具体的に求まりました。この抵抗$R$はどういう場合に小さくなるのでしょうか。(3-3)式の分母を見ると、電子の密度$n$が大きくなるほど、あるいは、移動度が大きいほど抵抗値は小さくなることがわかります。電子の数が多いほど大きな電流が流れ、したがって抵抗が小さくなることは直感的にわかります。また、移動度が大きいほど電子の速さは大きいので抵抗が小さくなります。電線の長さ$L$が長くなるほど、断面積$S$が小さくなるほど抵抗が大きくなることも、直感的に理解できます。

### ■拡散電流

　半導体の中のもう1つの電流は**拡散電流**と呼ばれる電流です。拡散電流と聞くと何か難しい電流のように思えるかもしれませんが、概念は簡単です。たとえば、半導体のバルクがあったとして、その片隅に伝導電子の集団が固まって存在しているとしましょう（図3-4）。絶対零度でない場合には、自由電子は運動エネルギーを持っていて様々な方向に動き回ることができます。半導体に電界がかかって

第3章 半導体の中の電流

最初に、半導体のバルクの左端に多数の自由電子があったとします。

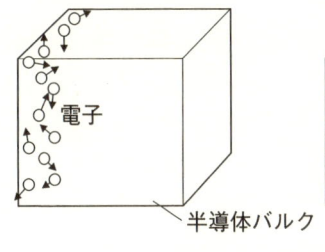

自由電子は様々な方向に動いているので、半導体のバルクの全体に拡散します。この拡散による電子の流れ（＝電流）を拡散電流と呼びます。

電子

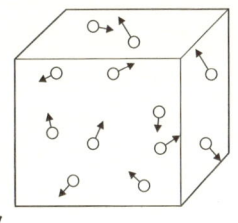

半導体バルク

図3-4　拡散電流とは？

いない場合でも、この電子は自由に動き回れるので、やがて半導体の中で広がっていきます。この広がっていくときの電子の移動による電流を拡散電流と呼びます。このように拡散電流の向きは、電子密度の高いところ（図3-4のバルクの左端）から低いところ（バルクの右側）へ流れます。

この拡散電流は、気体分子の拡散と同じ現象です。電子の電荷は、「クーロン力でお互いに反発しあうのでくっつかない」という影響を電子どうしに及ぼしていますが、拡散の原因になる物理的な力を及ぼしているわけではありません。この点で、電界による力を電荷が受けて動くドリフト電流とは全く異なっています。

この拡散電流が式でどう表されるか、これから解説しますが、その前に結果を先に見ておきましょう。拡散電流を表す式は、

$$J = eD \frac{dn(x)}{dx} \qquad (3\text{-}4)$$

となります。$n(x)$は位置$x$でのキャリア密度で、$e$は電気素量です。$D$は**拡散係数**と呼ばれる量です。この式の意味するところは、密度の傾き$\frac{dn(x)}{dx}$が大きいときには電流密度$J$は大きくなり、傾きが小さいと電流も小さくなります。傾きがゼロの場合は、密度がどこでも同じなので拡散電流もゼロになります。

### ■拡散電流の式の導出

この拡散電流の式を導いてみましょう。半導体の中で、電子の密度が高いところと低いところが接していたとします。話を簡単にするために1次元で考えることにします。

図3-5のように、ある場所$x_i$の電子密度が$n(x_i)$でその隣の場所$x_{i+1}$の電子密度を$n(x_{i+1})$とします。場所$x_{i+1}$の電子$n(x_{i+1})$個が右か左に動く確率はそれぞれ$\frac{1}{2}$です。たとえば、左へ動く電子数は、$\frac{1}{2}n(x_{i+1})$個です。その左の場所$x_i$のところの電子のうち、右へ動く電子数は$\frac{1}{2}n(x_i)$個です。このときの電子の平均の衝突時間を$t$とし、この間の移動距離を$l$とします。話を簡単にするために、$x_i$は$l$ごとにとることにします（つまり、$x_{i+1} - x_i = l$）。

時間$t$の間に$x_i$にいた電子の半数は$x_{i+1}$に到達し、$x_{i+1}$にいた電子の半数は$x_i$に到達します。したがって、この間に、$x_i$と$x_{i+1}$の中間点を越えた電子の数は

第3章 半導体の中の電流

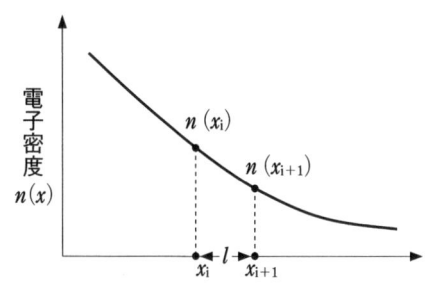

図3-5 場所$x_i$と$x_{i+1}$の電子密度を比べる

$$\frac{1}{2}n(x_i) - \frac{1}{2}n(x_{i+1})$$

です。これを電流密度$J$に書き換えると、

電流密度＝電荷×電子密度×速度

なので、

$$J = -e\left(\frac{1}{2}n(x_i) - \frac{1}{2}n(x_{i+1})\right)\frac{l}{t}$$

$$= e\left(\frac{n(x_{i+1}) - n(x_i)}{l}\right)\frac{l^2}{2t}$$

となります。$x_{i+1} = x_i + l$ なので、カッコの中を傾き（1階微分）を使って

$$\frac{n(x_i + l) - n(x_i)}{l} \approx \frac{dn(x)}{dx}$$

と、近似すると、拡散電流は

$$J = e\,\frac{dn(x)}{dx}\,\frac{l^2}{2t}$$

となります。ここで、$D \equiv \dfrac{l^2}{2t}$ を拡散定数と定義します。これを使うと拡散電流は

$$J = eD\,\frac{dn(x)}{dx}$$

となります。これで（3-4）式が求まりました。

ここで重要なことは、繰り返しになりますが、電子密度の傾きが大きいほど拡散電流は大きくなることです。傾きがゼロの時は、どの場所も密度は同じなので拡散電流は流れません。

### ■電流連続の式

ドリフト電流と拡散電流を理解しました。半導体の中の電流を表すためにはもう1つ重要な式が必要です。それは**電流連続の式**です。概念は非常に簡単です。半導体の固まりを考えてそこに入ったり出たりする電子の数を数えるだけです。

話を簡単にするために、電子の数を東名高速道路の上り線を走る車の台数にたとえてみましょう。あるインターチェンジの前後の各50mの区間（計100mの区間）にいる車の台数$n$台を問題にします。インターチェンジから50m大阪側をO地点、インターチェンジから50m東京側をT地点と名付けましょう。このときO地点では大阪方面か

ら、毎分30台の車が流れてきて、T地点では東京方面には毎分30台の車が流れているとします。また、インターチェンジを出入りする車は無いとします。この区間の1分あたりの台数の変化を式に書くと、

$$\begin{aligned}\text{1分あたりの台数の変化} &= \text{大阪方面からの台数} - \text{東京方面への台数} \\ &= 30台 - 30台 \\ &= 0台\end{aligned}$$

です。O地点とT地点の間の100mの区間の台数は、増えも減りもしていないことを示しています。

今度は、大阪方面から毎分30台の車が流れてきて、東京方面に毎分30台の車が流れているのは同じですが、インターチェンジからは毎分1台のクルマが出て行く場合を考えます。これを式に書くと、

$$\begin{aligned}\text{1分あたりの台数の変化} &= \text{大阪方面からの台数} - \text{東京方面への台数} - \text{インターチェンジから出て行く台数} \\ &= 30台 - 30台 - 1台 \\ &= -1台\end{aligned}$$

となり、この区間上の台数は毎分1台減っているので、渋滞が緩和されつつあることがわかります。これが電流連続の式の基本的な考え方です。

電子の場合は、図3-6のような断面積$S$の細長い半導体を流れる電流を考えます。ここで位置$x$（O地点）と

$x+dx$（T地点）の間の領域について考えましょう。ここで、光照射などにより電子が生成する場合（同時にホールも生まれます）や、電子とホールが再結合して消滅する場合などがありますが、これはインターチェンジから出入りする車に相当します。本書では、この後のpn接合の拡散電流の計算に必要となる再結合の場合だけを取り上げることにしましょう。

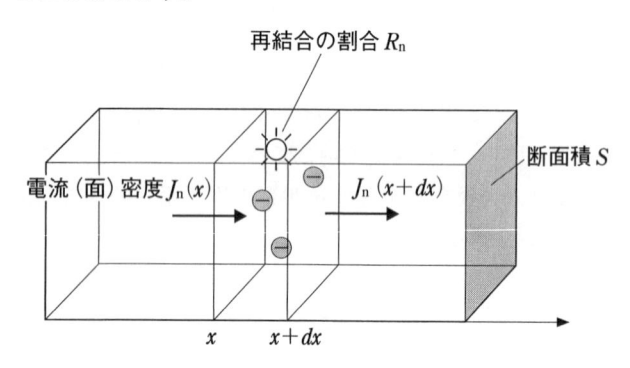

再結合の割合 $R_n$

電流（面）密度 $J_n(x)$　　$J_n(x+dx)$

断面積 $S$

$x$　　$x+dx$

図3-6　キャリアの流れについて考える

ここでの電子数の変化はこの厚さ $dx$ の部分（O地点とT地点の間の100mの区間）に流れ込む電子数（O地点の大阪方面からの車の台数）と、ここから流れ出る電子数（T地点の東京方面への車の台数）、それに（単位体積あたり）割合 $R_n$ の再結合で消えていく電子数（インターチェンジから出る車の台数）の和です。ここで、再結合を表す $R$ は英語の recombination からとっています。re- は「再」、combination は「結合」の意です。

これらの電子数は、電流の面密度を $J_n$ で表すと、流れ込

む電流$J_n(x)S$や流れ出る電流$J_n(x+dx)S$を、電子の電荷$-e$で割れば得られます。したがって、幅$dx$の部分での電子密度$n(x, t)$の時間変化は

$$\frac{\partial n}{\partial t} S dx = \left\{ \frac{J_n(x)S}{-e} - \frac{J_n(x+dx)S}{-e} \right\} - R_n S dx$$

と書けます。ここで、$\frac{\partial}{\partial t}$は偏微分を表します。偏微分とは、複数の変数（ここでは電子密度$n(x, t)$は場所$x$と時間$t$の関数です。ただし、上式では、$(x, t)$を省略しています）がある場合に、そのうちの1つの変数に関する微分をとることを意味します。この式は先ほどの車の台数の変化を表す式に対応します。

これに、電流（面）密度$J_n(x+dx)$の1階微分までの近似

$$J_n(x+dx) \approx J_n(x) + \frac{\partial J_n}{\partial x} dx$$

を使い、両辺を$Sdx$で割ると、電子の電流連続の式は

$$\frac{\partial n}{\partial t} = \frac{1}{e} \frac{\partial J_n}{\partial x} - R_n$$

となります（同様にホールの連続の式も得られます）。これが再結合の項を含んだ**電流連続の式**です。

この電流には、ドリフト電流と拡散電流が該当します。ここでは後ろのpn接合のところで役に立つ拡散電流の場

合を考えましょう。また、再結合の項はキャリア寿命 $\tau$ を使って表します。キャリア数が平衡状態より $\Delta n$ 多い場合は、キャリア寿命の逆数の割合 $\frac{1}{\tau}$ で再結合して消えていく性質があるので $R_\mathrm{n} = \frac{\Delta n}{\tau}$ となります。この場合の電流連続の式は、拡散電流の (3-4) 式を代入して

$$\frac{\partial n}{\partial t} = D\frac{\partial^2 n}{\partial x^2} - \frac{\Delta n}{\tau} \qquad (3\text{-}5)$$

となります。この式は後で役に立ちます。

## ■ホール効果──キャリア密度と移動度を求める実験方法

さてこれで、半導体の中の「2つの電流」と「電流連続の式」を理解しました。電流を表すために重要な物理量を先ほどの式を見ながら挙げてみましょう。**ドリフト電流**に必要なのは (3-2) 式から**キャリア密度**と**移動度**です。また、**拡散電流**に必要なのは (3-4) 式から**拡散係数**と**キャリア密度**です。半導体を作製したとき、その品質を調べるためにはこれらの量を知る必要がありますが、実験ではどのように調べればよいのでしょうか。

これらの物理量のうち、キャリア密度（電子密度またはホール密度）と移動度の情報を教えてくれるのが**ホール測定**です。極めて重要な測定方法なので、ほとんどの教科書にも載っています。

図3-7にホール測定の概要を示します。電界 $E$ を $x$ 軸方向に、磁界 $B$ を $y$ 軸方向にかけます。ここではホールがキ

第3章 半導体の中の電流

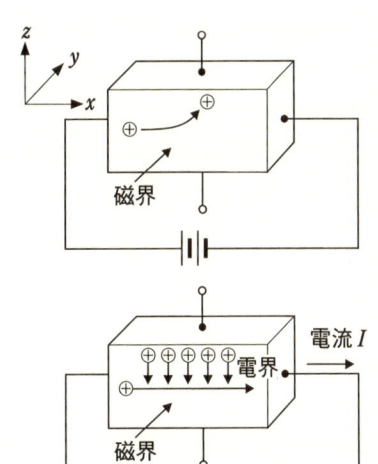

### 第一段階

このp型半導体の中では、電界の力によって$x$方向にホールは流れます。しかし、$y$方向の磁界によるローレンツ力を受けて、上向き($z$方向)にホールの軌道は曲がり、半導体の上面に、ホールが溜まり始めます。

### 第二段階

上面に多数のホールが溜まると、このホールによって生じる下向き($-z$方向)の電界とローレンツ力がやがて釣り合います。すると、ホールの軌道は曲がることなく、半導体の右側まで届くことになります。この状態で、定常電流$I$が流れます。

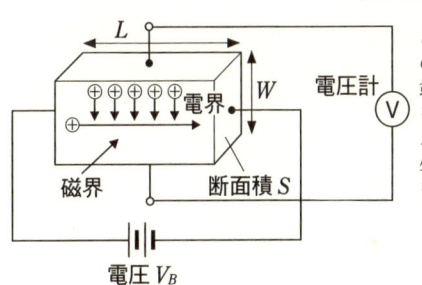

このとき半導体の上面と下面の端子に、電圧計をつなぐと、ホール電界によって生じた電位差$V$を測定できます。

**図3-7 ホール効果**

ャリアであるp型半導体を考えることにしましょう。まず、電界の力によって$x$方向に速さ$v$で動いているホールには、磁界によって上向きのローレンツ力$evB$が働きます。このためホールは試料の上方向に流れて上面に溜まります。ここまでが第一段階です。次に、多数のホールが上

面に一様に溜まると、やがてこのホールによって生じる下向きの電界$E$と(この電界をホール電界と呼びます)、ローレンツ力が釣り合います。これが第二段階です。すると、ホールの上下方向に働く力は釣り合うので、ホールの軌道は曲がることなく、右側に到達することになります。これが定常状態です。

この上下方向の力の釣り合いを式に書くと

$$eE = evB$$

となります。両辺を$e$で割ると

$$E = vB$$

です。

単位断面積あたりの電流密度$J$が、$e$(電荷)×$p$(ホール密度)×$v$(速さ)で表されることを思い出しましょう。

$$J = epv$$

この関係を使うとホール電界$E_H$(添え字のHはホール効果を意味する。キャリアのホールはhで表します)は、

$$E_H = vB$$
$$= \left(\frac{J}{ep}\right)B \qquad (3\text{-}6)$$

と表されます。

ここで見た溜まった電荷によって電界が発生する現象を**ホール効果**(Hall effect)と呼びます。n型半導体の電子

の場合でも、磁界をかけると同様に電界が発生しますが、これもホール効果と呼びます。ホール効果は、1879年にアメリカのホール（E. H. Hall, 1855～1938）が発見した現象です。正孔のホール（hole）とは英語のスペルが違うことに注意しましょう。

さて、この（3-6）式を眺めて、未知の量と、測れる量を区別しましょう。まず、電気素量$e$は既知です。磁束密度の大きさ$B$と電流密度$J$は測定できます。また、ホール電界$E_H$もこの後すぐに示す関係で求めることができます。したがって、この式では、ホール密度$p$以外はすべて測定で求められるのです。したがって、この式の関係を使えば、未知の量であるホール密度を求めることができます。このホール密度（n型では電子密度）が、ホール測定で求められる重要な量の1つです。

さて次にホール電界の求め方を述べましょう。この半導体サンプルの上面と下面の間にホール電界によって生じる電圧をホール電圧と呼びます。半導体の厚さを$W$とすると、ホール電界とホール電圧との関係は、通常のもっとも簡単な電界と電圧の関係

$$V = E_H W$$

です。したがって、ホール電圧を測れば、ホール電界は求まります。

これらの関係を使ってホール密度を表すために（3-6）式を変形すると

$$p = \frac{JB}{eE_\mathrm{H}}$$

$$= \frac{\dfrac{I}{S}B}{e\dfrac{V}{W}}$$

$$= \frac{IWB}{eVS}$$

となります。$S$は半導体の断面積です。右辺の最後の式の中の量はすべて計測できる量です。このようにホール効果を使えば、キャリア密度を求められます。

このホール効果を使うともう1つ重要な量が測れます。それは、移動度です。移動度と電流の関係は (3-2) 式から次の式で表されます。

$$I = JS \quad \text{より}$$
$$I = ep\mu_\mathrm{H} E_\mathrm{L} S$$

この中で、測定できる量をひろってみると、まず、ホール密度$p$は、先ほどのホール測定で求まります。電流値$I$は半導体を左から右に流れる電流を測ればわかります。また、横方向の電界$E_\mathrm{L}$は$\dfrac{V_\mathrm{B}}{L}$で求められます。ここで$V_\mathrm{B}$は外部電圧です。$e$は電気素量で、$S$は半導体の断面積なので、この式の中で未知の量は移動度のみであることがわかります。したがって、これを整理すると

$$\mu_\mathrm{H} = \frac{I}{epE_\mathrm{L}S}$$

となり、移動度を求めることができます。

このようにホール効果を使えば、**キャリア密度**と**移動度**という半導体の性能を評価するのに必須の2つの重要な物理量がわかります。したがって、ホール測定はほとんどすべての半導体の教科書や参考書に載っているというわけです。

このホール効果の実験も、理工系の大学の3年生程度の学生実験に組み込まれている場合が多いので、チャンスのある方は挑戦してみるとおもしろいでしょう。

さて、これで半導体の中の電流についての重要な知識を身につけました。次章では、ここまでの知識を総合して、半導体デバイスにおいて最も重要な**pn接合**に挑戦しましょう。

# 第 4 章

# pn接合とショットキー接合

■オームの法則から外れるもの

さてこれで、半導体中を流れる電流について多くのことを理解しました。半導体の中を流れる電流にも多くの場合、オームの法則が成り立ちます。オームの法則では、電流と電圧の間に正比例の関係があります（図4-1）。

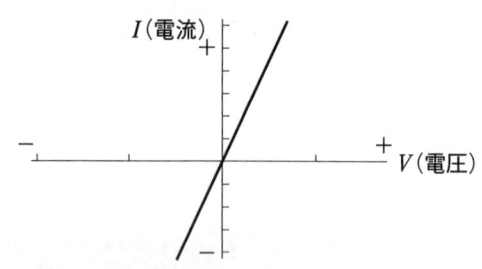

図4-1　オームの法則を示す、電流−電圧特性（$IV$カーブ）の例

これに対して電子デバイスとしては、これから外れる特性があれば大変便利です。たとえば、図4-2のような電流−電圧特性のデバイスがあれば、プラスの電圧がかかった時には電流が流れますが、マイナスの電圧がかかった時には電流が流れません。一方通行の道路のような働きをするわけです。この一方向にしか電流を流さない作用を**整流作用**と呼びます。整流作用があれば、交流電圧がかかっても一方向にしか電流が流れないということになります。

整流作用を持つものとしては、

・ショットキー接合
・pn接合

があります。ショットキー接合は金属と半導体の接合で、

第4章 pn接合とショットキー接合

[図: 理想的な整流作用を示すIVカーブ。プラス電圧では電流が比例して増える(オームの法則)、マイナス電圧では電流は流れない]

プラス電圧に対しては、電圧を大きくすると電流が比例して増えるオームの法則を示します。

マイナス電圧に対しては、電圧を大きくしても電流は流れません。

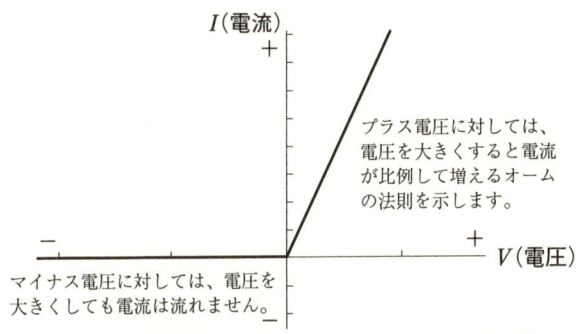

**図4-2　理想的な整流作用を示す、電流-電圧特性（$IV$カーブ）の例**

pn接合はp型半導体とn型半導体の接合です。

電流-電圧特性は、電流$I$と電圧$V$の関係を示すので、$IV$カーブ（アイブイカーブ）とも呼ばれます。ショットキー接合とpn接合の2つの接合の理想的な$IV$カーブは、実は同じ形をしています。次の図4-3のような形です。

この$IV$カーブの特徴は、プラス電圧に対しては、電圧

[図: pn接合とショットキー接合の理想的なIVカーブ]

プラス電圧に対しては、電圧を大きくすると指数関数的に電流が流れます。

マイナス電圧に対しては、電圧を大きくしても一定の値に飽和してしまい、わずかな電流（これを飽和電流と呼びます）しか流れません。

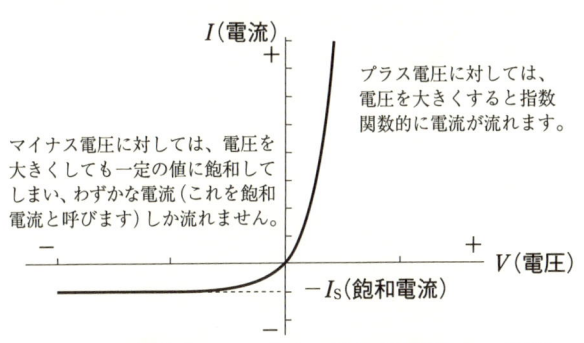

$-I_S$（飽和電流）

**図4-3　pn接合とショットキー接合の理想的な、電流-電圧特性（$IV$カーブ）**

を大きくすると指数関数的に電流が増えていくことと、マイナス電圧に対しては、電圧を大きくしても一定の値に飽和してしまい、わずかな電流（これを飽和電流と呼びます）しか流れないことです。したがって、この特性は、整流作用を持っています。ただし、マイナス側の電圧に対してわずかな電流が生じるので、完全な整流作用ではありません。また、プラス側の電流-電圧特性もオームの法則の比例関係ではないので、仮に電圧がサイン波であったとするとこの接合を通り抜ける電流の形はサイン波からひずみます。

■pn接合のIVカーブを求めるために

　pn接合の用途は整流作用だけではありません。次章で述べるようにpn接合を2つ組み合わせてpnp構造やnpn構造にするとトランジスタになります。トランジスタは人間が作った半導体デバイスの中では最も重要です。

　加えてpn接合には、もう1つ重要な働きがあります。それは電気を光に変えたり、光を電気に変えたりできるということです。光を電気に変えるものとしては、身近なところによくある太陽電池やフォトダイオードがあり、電気を光に換えるものとしては、半導体レーザーや発光ダイオードがあります。これらは第6章で扱いますが、このようにpn接合は極めて役に立つ重要な構造です。

　このpn接合のIVカーブを求めることが、この章の主題です。なにしろ**半導体デバイスにおいて最も重要なpn接合**が理解できるわけですから、ここは最大の山場です。

さて、その解法の手順を示すと、
まず、

[**手順1**] pn接合の空間的な電荷分布を求めます。

次に、

[**手順2**] この電荷分布から、電位の空間分布（電位分布）を求めます。このとき、ポアソン方程式という方程式を解きます。

そして、

[**手順3**] 外部電圧をかけて電位分布の形を変えたときの拡散電流を求めます。この拡散電流を求めるときには前章の電流連続の式を使います。

電流連続の式は、前章で説明したので、ここではまず予備知識としてポアソン方程式を理解しましょう。


## ■ポアソン方程式

半導体の中で、電荷が空間的にどのように分布しているかがわかっているときに、その電荷分布から電位を求めるのに使うのが**ポアソン方程式**です。ポアソン方程式を導くには大学レベルの電磁気学の知識を必要とするので、ここでは導出しませんが（付録参照）、ポアソン方程式は次のような簡単な形をしています。

$$\left(\frac{\partial^2}{\partial x^2}+\frac{\partial^2}{\partial y^2}+\frac{\partial^2}{\partial z^2}\right)\phi(\vec{r})=-\frac{\rho(\vec{r})}{\varepsilon}$$

 左辺は、電位$\phi(\vec{r})$を位置座標$x, y, z$で2階微分したもので、右辺の$\rho(\vec{r})$は電荷密度、$\varepsilon$は誘電率です。ちなみに、右辺の電荷がゼロの場合は**ラプラス方程式**と呼ばれます。

 ポアソン方程式のもともとの起源は、高校の物理でおなじみのクーロンの法則にあります。クーロンの法則は、離れたところに2つの電荷$q_1$と$q_2$があった場合に、距離$r$の2乗に反比例するクーロン力がお互いに働くというものです。

$$クーロン力 \propto \frac{q_1 q_2}{r^2}$$

 このクーロン力は、その後の物理学の発展によって、2つの現象に分解できるということがわかりました。それは、

(1) 電荷$q_1$があると、そのまわりに電界が生じる。
(2) その電界が、もう1つの電荷$q_2$に働いてクーロン力を生じる。

という2つです。このうち (1) の関係を表すのが、ガウスの法則です。ポアソン方程式は、ガウスの法則の変形とでもいうべきもので、ある場所$\vec{r}$での電荷密度$\rho(\vec{r})$と電位$\phi(\vec{r})$の関係を表しています。

## 第4章 pn接合とショットキー接合

本書では、ポアソン方程式を1次元の問題にしか使わないので、式はもっと簡単になります。$x$座標で書くと

$$\frac{d^2}{dx^2}\phi(x) = -\frac{\rho(x)}{\varepsilon} \qquad (4\text{-}1)$$

となります。電荷密度が場所に依存しない場合（$\rho(x)=$ 一定の値）は、この解は簡単な形をしていて、

$$\phi(x) = ax^2 + bx + c$$

と書けます。なんと高校で習った2次関数です。これを先ほどの1次元のポアソン方程式（4-1）に入れると

$$a = -\frac{\rho}{2\varepsilon}$$

でなければならないことがわかります。

高校の数学で習ったように2次関数の係数$a$の正負で電位が下に凸（$a$が正の場合）か、上に凸（$a$が負の場合）かがわかります。したがって、先ほどの関係から

**一様なプラス電荷があるときには電位は下に凸**

となり、

**一様なマイナス電荷があるときには電位は上に凸**

となることがわかります（ただし、マイナス電荷の電位を上に書いた図の場合）。この関係を頭に入れておくと半導体のどこかに電荷が溜まったときに電位の形がどう変わる

かが容易に推測できるようになります。

$b$ や $c$ の値は電磁気学の境界条件

$$\frac{d}{dx}\phi(x) = \frac{d}{dx}\phi'(x)$$

を満たすように決められます。ここで、$\phi(x)$ と $\phi'(x)$ は隣接する領域Ⅰと領域Ⅱの電位です。電位の1階微分は、電界になるので、この条件は、境界で電界は同じでなければならないというものです。本書ではこの境界条件の導出は割愛しますが、大学レベルの電磁気学の参考書（拙著『今日から使える電磁気学』講談社刊など）に載っているので興味のある方はご覧になってみて下さい。

注：電束密度 $D = \varepsilon E$ という専門用語を使うと、「境界では電束密度の垂直成分は等しい（$D_{1\perp} = D_{2\perp}$）」という境界条件です。したがって、厳密には上式の境界条件で、2つの領域の誘電率が同じであるという制限が付きます。

■pn接合のしくみと電荷分布　[手順1]

ポアソン方程式を理解したので、いよいよpn接合に取り組みましょう。

pn接合の整流作用の秘密に迫りましょう。まず、p型半導体とn型半導体を接合させたときに、何が起こるか見てみましょう。p型半導体にはホールが多く、n型半導体には電子が多いので、p型半導体とn型半導体を接触させると、pn接合の境界付近では、p型半導体中のホールはn型

第4章 pn接合とショットキー接合

p型半導体には多数のホールがあります。

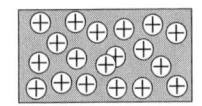

n型半導体には多数の電子があります。

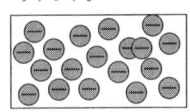

接合させると、電子はp型半導体に拡散し、ホールはn型半導体に拡散を始めます。

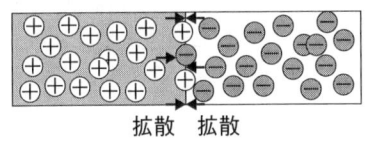

**拡散　拡散**

拡散によって、接合の近くの電子が抜けたところはプラスに帯電し、ホールが抜けたところはマイナスに帯電します。

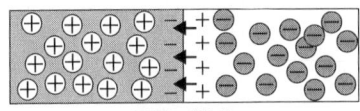

**電界が発生**

これらの電荷によって、矢印のような電界が発生するので、ホールを左側に、電子を右側へ押す力として働き、拡散は止まります。これが平衡状態です。

**図4-4　p型とn型を接合すると……**

半導体に拡散し、n型半導体中の電子はp型半導体に拡散します。

このとき思い出してほしいことは、p型半導体とn型半導体はともに「もともと電気的に中性である」ということです。拡散の結果、もともと電気的に中性だったp型半導体はpn接合の近くではホールが抜けるので、マイナスに帯電し、n型半導体では電子が抜けるのでプラスに帯電します。この接合近傍の帯電した領域を、**電荷二重層**と呼びます。プラスとマイナスの2つの電荷の層があるという意

味です。この電荷二重層が、pn接合の空間的な電荷分布です。

この電荷二重層では図4-4のような電界が発生するので、ホールと電子はこの領域でそれぞれ押し戻され、拡散は止まります。これが平衡状態です。この電界のせいで電荷二重層のキャリアは押しのけられて激減します。ここに存在できるキャリアは、この電界の力に押し戻されない運動エネルギーを持っているキャリアだけです。フェルミ-ディラック分布に従うと、そのようなキャリアはわずかです。そこで、この電荷二重層の領域を、キャリアがほとんどいないという意味で**空乏層**と呼びます。

### ■電荷二重層の電位はどうなっているか　[手順2]

この電荷二重層を中心に電位の形がどうなっているか考えてみましょう。帯電するとポアソン方程式からわかるように電位が曲がります。この電位の変化を計算してみましょう。n型半導体から、電子が逃げ出した範囲の厚さを$d'$とし、p型半導体からホールが逃げ出した範囲の厚さを$d$とします。電荷の分布を模式的に書くと図4-5の上図のようになります。この図では、$x$軸の原点がpn接合の接合面になっています。この接合近くのn型半導体のドナー原子の密度を$N_D$とし、p型半導体のアクセプタ原子の密度を$N_A$とします。

電子やホールが移動すると、イオン化したドナーやアクセプタが残るので、その部分は多数キャリアとは反対の符号に帯電します。したがって、このときの電荷密度はn型

第4章 pn接合とショットキー接合

**電荷密度**

領域1 ｜ 領域2 ｜ 領域3 ｜ 領域4

$eN_D$

電子が抜けたので+に帯電

$-d$　　　　　　　　$d'$　　$x$

ホールが抜けたので-に帯電

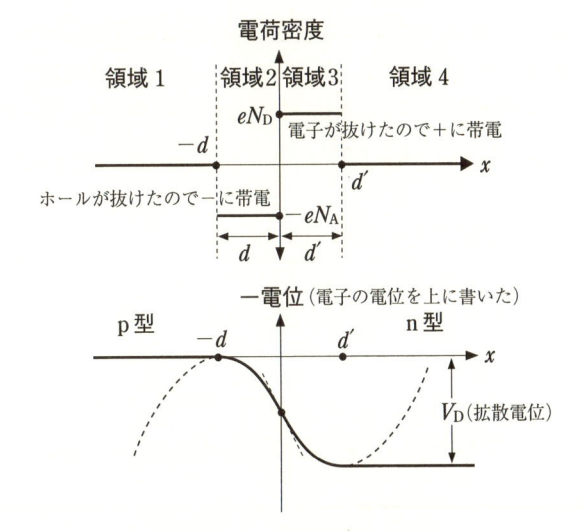

$-eN_A$

$d$　$d'$

**-電位**（電子の電位を上に書いた）

p型　　$-d$　　　　$d'$　n型

$x$

$V_D$（拡散電位）

**図4-5　pn接合の電位の分布**

半導体では$eN_D$、p型半導体では$-eN_A$になり、図4-5の上図のような階段状の電荷分布になります。

なお、前節で説明したように少数のキャリアは空乏層内に存在できるので、この階段状の電荷分布は、簡略化された入門的なモデルであることにご注意下さい。

図4-5の上図がpn接合の電荷分布ですが、これを基にして、pn接合の電流-電圧特性を求めることにしましょう。ポアソン方程式を解いて求めるわけですが、ここで電位分布の結果を先にお見せしましょう。電位分布は図4-5の下図のようになります。空乏層の電位はとてもおもしろい形をしています。そう、ポアソン方程式のところで述べたように2次関数の形です。

よく見るとわかるように、$x = -d$ を頂点とした「上に凸の2次関数」と $x = d'$ を底とする「下に凸の2次関数」でできています。これがpn接合の電位の形です。2次関数は大活躍していますね。

■pn接合の電位を求める［続・手順２］

さて結果が2次関数であるとわかったので、きちんと求めてみましょう。まず、それぞれの領域でのポアソン方程式から見ていきましょう。

ここでは、1次元の$x$軸方向だけを問題にすればよいのでポアソン方程式は、(4-1) 式の

$$\frac{d^2}{dx^2} \phi(x) = -\frac{\rho(x)}{\varepsilon}$$

となります。$x \leq -d$ と $d' < x$ の領域（図4-5の上のグラフの領域1、4）では、電気的に中性なので、電荷密度 $\rho = 0$ であり

$$\frac{d^2}{dx^2} \phi(x) = 0$$

となります。また $-d < x \leq 0$ の領域（領域2）では $\rho = -eN_A$ なので

$$\frac{d^2}{dx^2} \phi(x) = \frac{eN_A}{\varepsilon} \qquad (4\text{-}2)$$

となります。$0 < x \leq d'$ の領域（領域3）では $\rho = eN_D$

なので

$$\frac{d^2}{dx^2}\phi(x) = -\frac{eN_D}{\varepsilon} \quad (4\text{-}3)$$

となります。電位を $\phi(x)$ として、これらの式を満たす可能性のある関数は、先ほど述べたように高校の数学で習った2次関数です。そこで

$$\phi(x) = a_i x^2 + b_i x + c_i$$

とおいて、それぞれの式に代入してみましょう。なお、$i = 1, 2, 3, 4$ は図4-5の領域の区別をつけるための添え字です。領域2と3は電荷二重層（空乏層）です。

まず $\frac{d\phi(x)}{dx}$ を計算すると

$$\frac{d}{dx}\phi(x) = 2a_i x + b_i$$

となります。さらに微分すると

$$\frac{d^2}{dx^2}\phi(x) = 2a_i \quad (4\text{-}4)$$

となります。

この式から、$x < -d$（領域1）と $d' < x$（領域4）では

$$a_i = 0 \quad (i = 1 \text{ または } 4 \text{ の領域})$$

となります。とすると電位は $\phi(x) = b_i x + c_i$（$i = 1$ または4）となり、これは直線を表します。外から電界がかか

っていない場合を考えるとこの部分に電界は存在しないので電位の傾き（＝電界）はゼロとなり、$b_i = 0$ となります。すなわち

$$\phi(x) = c_i$$

です。図4-5（下図）のようにこの領域1と4ではフラットな電位になります。電位の基準（原点）はどこにとってもよいので、領域1の電位を原点にとることにします。そこで、$c_1 = 0$ とおくと

$x < -d$ では、

$$\phi = 0$$

となり、

$d' < x$ では、

$$\phi = c_4$$

となります。

$-d < x \leq 0$ の領域（領域2）ではどうでしょうか。ここでは（4-2）式と（4-4）式より、

$$a_2 = \frac{eN_A}{2\varepsilon}$$

です。また、$0 \leq x < d'$ の領域（領域3）では（4-2）式と（4-3）式より

$$a_3 = -\frac{eN_\mathrm{D}}{2\varepsilon}$$

となります。

　既に述べたように2次関数の$x^2$の項の係数$a$の正負によって、2次関数が上に凸か下に凸かが決まります。半導体工学では、話が面倒なのですが、電子を中心にして考えるので、電子の電位が高い方を上に書きます。つまり、一様な正の電荷があるときは、下に凸となり、一様な負の電荷があるときは上に凸となります。いずれにせよ、pn接合の空乏層は上に凸と、下に凸の2次関数で書けます。

　$x=0$ では122ページの電界の境界条件により、p側とn側の電位と電界は一致するはずなので次の2つの式が成り立ちます。

$$\frac{eN_\mathrm{A}}{2\varepsilon}x^2 + b_2 x + c_2 = -\frac{eN_\mathrm{D}}{2\varepsilon}x^2 + b_3 x + c_3$$

$$\frac{eN_\mathrm{A}}{\varepsilon}x + b_2 = -\frac{eN_\mathrm{D}}{\varepsilon}x + b_3$$

したがって、$x=0$ を代入すると
$$c_2 = c_3$$
$$b_2 = b_3$$
となります。また $x=-d$ と $x=d'$ のところでも電位と電界は一致するはずなので、この境界条件を書くと
$x=-d$ では

$$0 = \frac{eN_A}{2\varepsilon}d^2 - b_2 d + c_2$$

$$0 = -\frac{eN_A}{\varepsilon}d + b_2$$

$x = d'$ では

$$-\frac{eN_D}{2\varepsilon}d'^2 + b_3 d' + c_3 = c_4$$

$$-\frac{eN_D}{\varepsilon}d' + b_3 = 0$$

が成り立ちます。これらから

$$b_2 = \frac{eN_A d}{\varepsilon}$$

$$c_2 = \frac{eN_A}{2\varepsilon}d^2$$

$$b_3 = \frac{eN_D d'}{\varepsilon} = \frac{eN_A d}{\varepsilon}$$

$$c_4 = \frac{eN_D}{2\varepsilon}d'^2 + \frac{eN_A}{2\varepsilon}d^2$$

となります。これで未知の係数 $a_i$, $b_i$, $c_i$ がすべて求まりました。電位を整理すると

$x \leq -d$（領域1）では

$$\phi = 0$$

$-d < x \leq 0$（領域2）では

$$\phi = \frac{eN_A}{2\varepsilon}x^2 + \frac{eN_A d}{\varepsilon}x + \frac{eN_A}{2\varepsilon}d^2$$

$$= \frac{eN_A}{2\varepsilon}(x^2 + 2dx + d^2)$$

$$= \frac{eN_A}{2\varepsilon}(x+d)^2$$

$0 < x \leq d'$（領域3）では

$$\phi = -\frac{eN_D}{2\varepsilon}x^2 + \frac{eN_D d'}{\varepsilon}x + \frac{eN_A}{2\varepsilon}d^2$$

$$= -\frac{eN_D}{2\varepsilon}\left(x^2 - 2d'x - \frac{N_A}{N_D}d^2\right)$$

$$= -\frac{eN_D}{2\varepsilon}\left\{(x-d')^2 - d'^2 - \frac{N_A}{N_D}d^2\right\}$$

$d' < x$（領域4）では、

$$V_D = \phi = \frac{eN_D}{2\varepsilon}d'^2 + \frac{eN_A}{2\varepsilon}d^2$$

$$= \frac{e}{2\varepsilon}(N_D d'^2 + N_A d^2)$$

となります。この領域4の $\phi$ が外部から電圧をかけないときのpn接合の電位差 $V_D$ で、これを**拡散電位**とか**内蔵電位**と呼びます。この式から、ドナーやアクセプタの密度が大きいほど拡散電位が大きくなることがわかります。

図4-5（下図）のような関係について、高校の数学の知識を思い出してみましょう。2次関数の頂点は領域2は $x = -d$、領域3は $x = d'$ にあり、それぞれ接合の近くでは下に凸と上に凸の2つの2次関数で表されます。繰り返しになりますが、電荷分布が一様な場合には、上に凸か下に凸の2次関数になるというのを頭に入れておきましょう。

これでpn接合の電位分布が求められました。接合の両側の電荷二重層によって、電位が曲がりましたが、この電位の曲がりによって、伝導帯や価電子帯も同じように曲がります（図4-6）。これに外部から電圧をかけると、一方の方向には電流がよく流れ、反対方向にはほとんど流れないという整流作用が生まれます。

## ■pn接合の平衡状態

何も電圧をかけない平衡状態のpn接合のバンド構造を見てみましょう（図4-6）。左側がp型で右側がn型です。真ん中の空乏層は先ほど求めたように電荷二重層によって電位が曲がっています。この図がデバイス理解の鍵になります。右側の伝導帯の電子密度は、図2-18の右図の電子密度（スミ網の部分）に対応します。

平衡状態では図4-6のように、n型半導体の伝導帯の電子のうち、拡散電位よりも高いエネルギーを持っている電子（電子密度 $n_n$：スミ網の部分）のみが、p型半導体に移動できます。たとえば図中のアの電子は、n型半導体の伝導帯の底（=運動エネルギー無し）から十分離れた大きな運動エネルギー（この図では拡散電位と同じエネルギー）

を持っています。したがって、空乏層では右方向に電界がかかっているのですが（図で拡散電位が坂になっています）、p型半導体のイの位置まで移動できます。イまで移動すると、p型半導体の伝導帯の底なので、運動エネルギーが無くなることを意味しています（つまり静止します）。一方、この拡散電位差の運動エネルギーを持っていないウの電子（電子密度の白い部分）は、左に移動しても

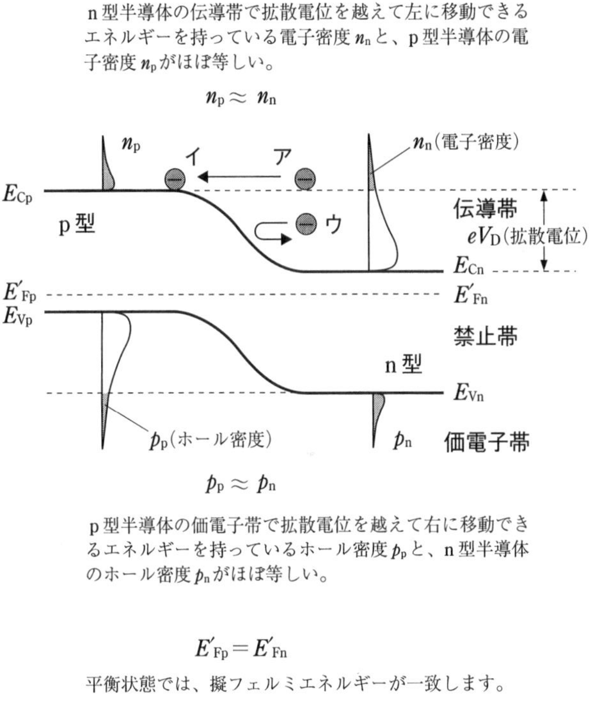

n型半導体の伝導帯で拡散電位を越えて左に移動できるエネルギーを持っている電子密度$n_n$と、p型半導体の電子密度$n_p$がほぼ等しい。

$$n_p \approx n_n$$

p型半導体の価電子帯で拡散電位を越えて右に移動できるエネルギーを持っているホール密度$p_p$と、n型半導体のホール密度$p_n$がほぼ等しい。

$$p_p \approx p_n$$

$$E'_{Fp} = E'_{Fn}$$

平衡状態では、擬フェルミエネルギーが一致します。

## 図4-6 pn接合の電子の分布（平衡状態）

拡散電位の電界によって押し戻されてしまいます。

今度は、p型半導体の電子（電子密度$n_p$）に注目すると、こちらはすべてn型半導体へ移動できるエネルギーを持っています。したがって、両方に移動できるエネルギーを持っている電子の数がほぼ釣り合っていて、平衡状態では、

| p型半導体の<br>電子密度 | n型半導体の拡散電位より大きな<br>エネルギーを持った電子密度 |
|---|---|
| $n_p$ ≈ | $n_n$　　(4-5) |

の関係が成立しています。

完全なイコールではないのは、$n_n$の方がわずかに大きいからで、ここではn側からp側への電子の小さな拡散電流と、p側からn側への電子のわずかなドリフト電流が釣り合っています。本書では割愛しますが、この条件から、p側とn側の擬フェルミエネルギーが一致すること

$$E'_{Fp} = E'_{Fn}$$

を示せます。これがpn接合の平衡状態です。

■pn接合に外部電圧をかけると何が起こるか［手順3］

外部からバイアス電圧をかけたとき、どのように拡散電流が流れるか見てみましょう。バイアス電圧とは一定の大きさの定常的な電圧（つまり直流電圧）をかけることを意味します。

拡散電流を求めるために、ここでは電子に注目しましょ

第4章 pn接合とショットキー接合

う。ホールは同様に考えればよいでしょう。

p型半導体とn型半導体の電位差が、小さくなるように外部からバイアス電圧を加えます（順方向バイアスと呼びます）。バイアス電圧は、pn接合の両端にかけるわけですから図4-7では、左端と右端に電圧をかけることを意味します。このとき実際には、n型半導体やp型半導体の中の電位は外部電圧によってわずかに傾きますが、この図では傾きは省略しています。

順方向のバイアス電圧をかけると、左側のp型半導体の電位に比べて、右側のn型半導体の電位は相対的に持ち上がります。すると、図4-7のようにキャリア密度の平衡がくずれます。p型半導体とn型半導体の電位差が元の拡散電

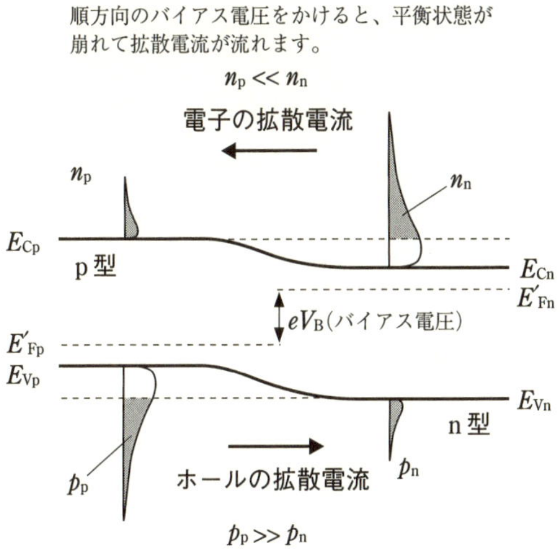

順方向のバイアス電圧をかけると、平衡状態が崩れて拡散電流が流れます。

$n_p \ll n_n$

電子の拡散電流

$n_p$　$n_n$

$E_{Cp}$　p型　$E_{Cn}$
　　　　　　　　$E'_{Fn}$
　　　　　$eV_B$（バイアス電圧）

$E'_{Fp}$
$E_{Vp}$　　　　n型　$E_{Vn}$

$p_p$　ホールの拡散電流　$p_n$

$p_p \gg p_n$

図4-7　pn接合に順方向バイアスをかけた時

135

位$V_D$より小さくなったので、n型半導体の伝導帯の電子のうち、この電位差より高いエネルギーを持っている電子（電子密度$n_n$）が多くなります。この電子は、電位差を越えてp側に拡散できるエネルギーを持っているので、電子密度の高いn側から低いp側へ電子が拡散し、拡散電流が流れます。

これはp側に注目すると少数キャリアである電子が注入されることを意味します。また価電子帯では数の多いp型半導体のホールが、ホールが少ないn型半導体に拡散します。これは、n型半導体に注目すると少数キャリアであるホールが注入されることを意味します。それで、これを**少数キャリアの注入**（minority carrier injection）と呼びます。英語のinjectionには注射という意味もありますが、n型半導体からp型半導体へ電子を注射しているイメージに対応します。

### ■バイアス電圧をかけた場合の拡散電流は［続・手順3］

このpn接合の拡散電流を求めてみましょう。その求め方は多くの教科書と同じモデルに従いますが、これから紹介するモデルは実は現実よりかなり簡単化されたもので、必ずしも正確ではありません。しかし、簡単であるがゆえに広く入門モデルとして使われています。

このモデルのもっとも大きな特徴は、「空乏層内では電子とホールが空間的に重なるので、（実際には）キャリアの再結合が起こる」のですが、計算を簡単にするために「空乏層では再結合は起こらない」と仮定することです。

## 第4章 pn接合とショットキー接合

したがって、伝導帯の電子についてはn型半導体からp型半導体に拡散し、空乏層を抜けた後（すなわち図4-5の領域1）で再結合が始まると仮定します。また、価電子帯のホールについても、p型半導体からn型半導体に拡散し、空乏層を抜けた後（すなわち領域4）で再結合が始まると仮定します。電子とホールは、空乏層内では行き違いになって、相手側の領域に入って再結合を起こすと仮定するわけです。現実に起こっている空乏層内での再結合を計算しようとすると、計算が面倒になるのでそれを回避するためです。多くの教科書では、「空乏層が薄い場合は再結合を無視しても許される」とことわっています。

順方向のバイアス電圧 $V_B$ をかけると、伝導帯では(4-5)式の右辺が大きくなって、p型半導体に電子が拡散電流として流れ始めます。空乏層内では、再結合が起こらないと仮定するので、図4-8の右側の電子密度 $n_n$ が空乏層の左端（図4-5では $x = -d$ のところ）にもそのまま存在すると考えます。ということで、$x = -d$ で $n_n$ の大きさである電子密度が、拡散によってさらに左方向に流れるうちに、ホールと再結合して減っていき、$x = -\infty$ では $n_p$ に等しくなる、というのが起こっている現象です。

この現象の拡散電流を求めるためには、まず、$n_n$ を求める必要があります。$n_n$ は図4-8のn型半導体の状態密度(A)（図4-8のいちばん右）にフェルミ-ディラック分布をかけ、それを積分したものです。積分範囲は、p型半導体の伝導帯の底 $E_{Cp}$ より高いエネルギーを持った電子（図4-8の $E_{Cp}$ から上への積分）です。

計算を簡単にするために、近似を3つ使います。
①空乏層で、再結合は起こらず、②p型半導体に拡散した電子は空乏層を通り過ぎてから再結合を始めると仮定します（ホールも同様に扱います）。③$n_n$の計算では、積分計算を簡単にするために、n型半導体の電子の状態密度 (A) ではなく、p型半導体中の状態密度 (B) を使います（ホールも同様に処理します）。

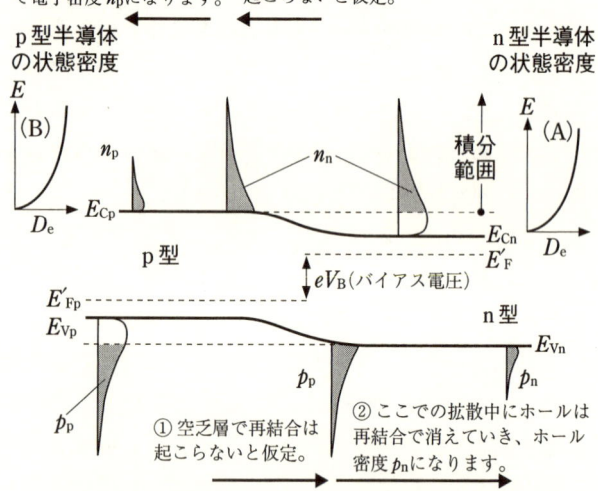

図4-8 順方向バイアス時の拡散電流を計算する

バイアス電圧をかけると、$E_{Cp}$と$E_{Cn}$の電位差は元の拡散電位$V_D$よりバイアス電圧$V_B$分だけ減少するので

$$E_{Cp} - E_{Cn} = eV_D - eV_B$$

となります。よって、

$$E_{Cp} = E_{Cn} + eV_D - eV_B$$

第4章　pn接合とショットキー接合

より大きなエネルギーが積分範囲です。これを式で書くと

$$n_\mathrm{n} = \int_{E_\mathrm{Cn}+eV_\mathrm{D}-eV_\mathrm{B}}^{\infty} \frac{1}{1+e^{\frac{E-E'_\mathrm{Fn}}{k_\mathrm{B}T}}} D_\mathrm{e}(E)\,dE$$

$$\approx \frac{8\sqrt{2}\pi}{h^3} \left(m_\mathrm{e}^*\right)^{\frac{3}{2}} e^{\frac{E'_\mathrm{Fn}}{k_\mathrm{B}T}} \int_{E_\mathrm{Cn}+eV_\mathrm{D}-eV_\mathrm{B}}^{\infty} \sqrt{E-E_\mathrm{Cn}}\ e^{-\frac{E}{k_\mathrm{B}T}}\,dE$$

$$= \frac{8\sqrt{2}\pi}{h^3} \left(m_\mathrm{e}^*\right)^{\frac{3}{2}} e^{\frac{E'_\mathrm{Fn}}{k_\mathrm{B}T}} \int_{E_\mathrm{Cp}}^{\infty} \sqrt{E-E_\mathrm{Cn}}\ e^{-\frac{E}{k_\mathrm{B}T}}\,dE$$

となります。2行目のところで、フェルミ・ディラック分布をマクスウェル・ボルツマン分布に置き換える近似を使っています。

この積分は、やっかいな形をしています。というのは、第2章の（2-4）式の積分公式が使えないのです。積分範囲は$E_\mathrm{Cp}$から始まりますが、$E = E_\mathrm{Cp}$のとき、ルートの中は$E_\mathrm{Cp} - E_\mathrm{Cn}$となって、ゼロにはなりません。そこで、ここで1つ近似を使います。それはn型半導体の電子の状態密度（A）ではなく、p型半導体の電子の状態密度（B）（図4-8のいちばん左）を使うのです。この式では、ルートの中の$E_\mathrm{Cn}$を$E_\mathrm{Cp}$で置き換えることを意味します。$E_\mathrm{Cn}$と$E_\mathrm{Cp}$の値が大きく違うときは精度が悪くなりますが、バイアス電圧を大きくするにつれて、n型半導体の伝導帯の底$E_\mathrm{Cn}$は持ち上がって、p型半導体の伝導帯の底$E_\mathrm{Cp}$に近づくので、順方向バイアスでは近似の精度は良くなりま

す。この近似によって、(2-4) 式の積分公式が使えます。

$$n_\mathrm{n} = \frac{8\sqrt{2}\,\pi}{h^3} \left(m_\mathrm{e}^*\right)^{\frac{3}{2}} e^{\frac{E'_\mathrm{Fn}}{k_\mathrm{B}T}} \int_{E_\mathrm{Cp}}^{\infty} \sqrt{E - E_\mathrm{Cn}}\ e^{-\frac{E}{k_\mathrm{B}T}}\,dE$$

$$= \frac{8\sqrt{2}\,\pi}{h^3} \left(m_\mathrm{e}^*\right)^{\frac{3}{2}} e^{\frac{E'_\mathrm{Fn}}{k_\mathrm{B}T}} \int_{E_\mathrm{Cp}}^{\infty} \sqrt{E - E_\mathrm{Cp}}\ e^{-\frac{E}{k_\mathrm{B}T}}\,dE$$

$$= N_\mathrm{C}\ e^{-\frac{E_\mathrm{Cp} - E'_\mathrm{Fn}}{k_\mathrm{B}T}}$$

一方、p型半導体の電子密度は、(2-5) 式より

$$n_\mathrm{p} = N_\mathrm{C}\ e^{-\frac{E_\mathrm{Cp} - E'_\mathrm{Fp}}{k_\mathrm{B}T}}$$

なので、先ほどの $n_\mathrm{n}$ と比べると、

$$n_\mathrm{n} = N_\mathrm{C}\ e^{-\frac{E_\mathrm{Cp} - E'_\mathrm{Fn}}{k_\mathrm{B}T}}$$

$$= N_\mathrm{C}\ e^{-\frac{E_\mathrm{Cp} - E'_\mathrm{Fp} - E'_\mathrm{Fn} + E'_\mathrm{Fp}}{k_\mathrm{B}T}}$$

$$= n_\mathrm{p} e^{-\frac{E'_\mathrm{Fp} - E'_\mathrm{Fn}}{k_\mathrm{B}T}}$$

$$= n_\mathrm{p} e^{\frac{eV_\mathrm{B}}{k_\mathrm{B}T}}$$

の関係があることがわかります。バイアス電圧 $V_\mathrm{B}$ をかけると $e$ の $\left(\dfrac{eV_\mathrm{B}}{k_\mathrm{B}T}\right)$ 乗倍だけ電子密度がp側より大きくなるというわけです。

第4章　pn接合とショットキー接合

ホールも同様にして

$$p_\mathrm{p} = p_\mathrm{n} e^{\frac{eV_\mathrm{B}}{k_\mathrm{B}T}}$$

の関係が得られます。こちらもバイアス電圧 $V_\mathrm{B}$ をかけると $e$ の $\left(\dfrac{eV_\mathrm{B}}{k_\mathrm{B}T}\right)$ 乗倍だけホール密度がn側より大きくなります。

この指数が1より大きければp型半導体のホール密度の方が大きくなり、$p_\mathrm{p} > p_\mathrm{n}$ となるので、ホールは空乏層の右端（$x = d'$）から $x = \infty$ に向かって拡散します。そこで、この指数関数の中身 $\dfrac{eV_\mathrm{B}}{k_\mathrm{B}T}$ を見てみると、$k_\mathrm{B}T$ は室温（300K）では、マクスウェル-ボルツマン定数に300Kをかけて25.9meVです。一方、順方向の通常のバイアス電圧はボルトのオーダーなので $eV_\mathrm{B}$ もエレクトロンボルトのオーダーになります。たとえば $V_\mathrm{B} = 1\mathrm{V} = 1000\mathrm{mV}$ であれば、$\dfrac{eV_\mathrm{B}}{k_\mathrm{B}T}$ は約40になり、$e$ の $\left(\dfrac{eV_\mathrm{B}}{k_\mathrm{B}T}\right)$ 乗 $\approx e^{40}$ はものすごく大きな数になります。つまり、p型半導体の中のホール密度はn型半導体に比べて圧倒的に大きくなるので、p型半導体からn型半導体へ（ホールによる）大きな拡散電流が流れます。

このときキャリアは、実際には先ほど述べたように空乏層内でも再結合するのですが、計算を簡単にするために空乏層内で再結合は起こらないと仮定します。つまり、空乏層の右端と左端のホール密度は同じであると仮定しています。

空乏層を抜けたところで再結合が始まると仮定すると、

ここでのホールの拡散と再結合は電流連続の式である(3-5)式で表せます。(3-5)式は、電子の電流連続の式ですが、電子密度$n$をホール密度$p$に置き換えれば、ホールの電流連続の式になります。

$$\frac{\partial p}{\partial t} = D_p \frac{\partial^2 p}{\partial x^2} - \frac{\Delta p}{\tau_p}$$

ここで$\tau_p$はn型半導体のホールの寿命で、$D_p$は拡散定数です。拡散電流が定常的に流れている場合を考えると、ホール密度は時間的に変動しないので、この式の左辺はゼロになります。$\Delta p$は平衡状態のホール密度からのずれなので$\Delta p = p - p_n$です。よって、この式を書き換えると

$$\frac{\partial^2 p}{\partial x^2} - \frac{p - p_n}{D_p \tau_p} = 0 \qquad (4\text{-}6)$$

となります。この方程式を

$$x = d' \quad \text{で} \quad p = p_n e^{\frac{eV_B}{k_B T}}$$

$$x = \infty \quad \text{で} \quad p = p_n$$

の境界条件を入れて解きます。

解き方は割愛しますが、この解は

$$p - p_n = p_n e^{-\frac{x - d'}{\sqrt{D_p \tau_p}}} \left( e^{\frac{eV_B}{k_B T}} - 1 \right)$$

となります。この解を(4-6)式に入れてみると、解とし

## 第4章 pn接合とショットキー接合

て成立していることを確かめられます。$x$がこの解のどこにあるかを見てみると、指数関数の中に入っていることに気づきます。つまり$d'$から $x = \infty$ 方向に離れるに従って、ホール密度のずれは指数関数的に小さくなることを意味しています。

この解を使うと、$x = d'$におけるホールの拡散電流$I_p$が求められます。これを拡散電流密度を表す102ページの(3-4) 式に代入すればよいわけです。pn接合の断面積を$S$とし、$(D_p \tau_p)^{\frac{1}{2}} \equiv L_p$ と定義すると、

$$I_p = JS$$
$$= -eD_p \frac{\partial p}{\partial x}\Big|_{x=d'} S$$
$$= ep_n S \frac{D_p}{L_p}\left(e^{\frac{eV_B}{k_B T}} - 1\right)$$

となります。$\frac{\partial p}{\partial x}\big|_{x=d'}$ は、$x = d'$ のところでの微分を意味します。$x = -d$ でn型半導体からp型半導体に注入される電子の拡散電流$I_n$についても同じように考えると、

$$I_n = eD_n \frac{\partial n}{\partial x}\Big|_{x=-d} S = en_p S \frac{D_n}{L_n}\left(e^{\frac{eV_B}{k_B T}} - 1\right)$$

となります。

したがってバイアス電圧 $V_B$によって生じるpn接合の全体の拡散電流$I_D$の大きさを表す目安として、このホールの拡散電流$I_p$と電子の拡散電流$I_n$の和をとると（厳密には、単純な和になりませんが）、

$$I_\mathrm{D} = eS\left(\frac{D_\mathrm{p}}{L_\mathrm{p}}p_\mathrm{n} + \frac{D_\mathrm{n}}{L_\mathrm{n}}n_\mathrm{p}\right)\left(e^{\frac{eV_\mathrm{B}}{k_\mathrm{B}T}} - 1\right)$$

$$= I_\mathrm{S}\left(e^{\frac{eV_\mathrm{B}}{k_\mathrm{B}T}} - 1\right) \quad (4\text{-}7)$$

となります。ただし、ここで

$$I_\mathrm{S} \equiv eS\left(\frac{D_\mathrm{p}}{L_\mathrm{p}}p_\mathrm{n} + \frac{D_\mathrm{n}}{L_\mathrm{n}}n_\mathrm{p}\right) \quad (4\text{-}8)$$

と定義しました。

この拡散電流 $I_\mathrm{D}$ とバイアス電圧 $V_\mathrm{B}$ の関係を示す (4-7) 式は極めて重要です。バイアス電圧 $V_\mathrm{B}$ を順方向に

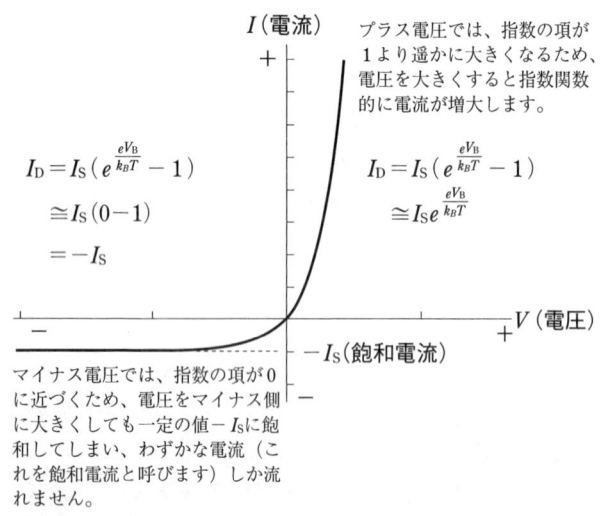

プラス電圧では、指数の項が1より遥かに大きくなるため、電圧を大きくすると指数関数的に電流が増大します。

$$I_\mathrm{D} = I_\mathrm{S}\left(e^{\frac{eV_\mathrm{B}}{k_BT}} - 1\right)$$
$$\cong I_\mathrm{S}(0-1)$$
$$= -I_\mathrm{S}$$

$$I_\mathrm{D} = I_\mathrm{S}\left(e^{\frac{eV_\mathrm{B}}{k_BT}} - 1\right)$$
$$\cong I_\mathrm{S}e^{\frac{eV_\mathrm{B}}{k_BT}}$$

マイナス電圧では、指数の項が0に近づくため、電圧をマイナス側に大きくしても一定の値 $-I_\mathrm{S}$ に飽和してしまい、わずかな電流(これを飽和電流と呼びます)しか流れません。

**図4-9　pn接合の理想的な、電流-電圧特性 (IVカーブ)**

かけると $V_B$ を大きくするにつれて、カッコの中の指数関数が1よりはるかに大きくなるので、図4-9のように電流も指数関数的にどんどん大きくなります。

この式は順方向の拡散電流について求めたものですが、逆方向のドリフト電流にもこの式は成り立ちます。逆方向の電圧の場合には、バイアス電圧 $V_B$ がマイナス側に大きくなるにつれて指数関数がゼロに近づくので、電流が $-I_S$ に近づき飽和します。そこで、この $I_S$ を**飽和電流**と呼びます。$I_S$ を表す (4-8) 式の右辺を見ると、バイアス電圧 $V_B$ に関係ないので、$I_S$ がバイアス電圧 $V_B$ とは無関係に決まることがわかります。

図4-10はこの逆バイアスの状況を図示したものです。このとき電流はp型半導体の少数キャリアである電子がn側へ流れ、n側の少数キャリアであるホールがp側へ流れ

逆バイアス時には、図のようなドリフト電流が発生します。

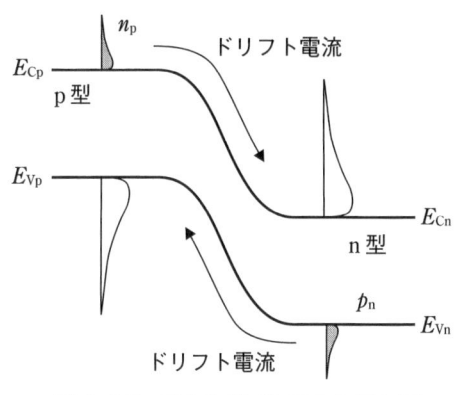

図4-10 逆方向バイアスをかけた時

ます。それぞれ逆バイアス電圧を大きくしても上流側の$n_p$や$p_n$の大きさが変わらないので電流は大きくならないというわけです。これは滝の上流の水量が同じであれば、滝の高さを変えても、下流の水量に変化がないのと同じです。

したがって、順方向にはよく電流が流れますが、逆方向にはほとんど流れない整流作用が現れます。この(4-7)式を**理想ダイオードの式**と呼びます。非常に重要な式で、大学のテストでも頻出項目です。大学で単位を取るためには丸暗記しておいた方が無難でしょう。

ダイオード(diode)はギリシア語由来の「di(2つ)」と「ode(道)」が結合した語で、転じて2つの電極があり整流作用を持つデバイスを表します。

さて、長い山登りの末に、やっとpn接合の頂上に達しました。えっここが？　と驚いた読者の方も少なくないと思いますが、この理想ダイオードの式は1つの頂上なのです。大きく深呼吸して、まわりの景色を確かめてみましょう。山登りにたとえると、まだまだ次の目標に向かっての縦走が続くわけですが、大きな頂を1つ征服したことは誇りに思ってよいでしょう。

注：理想ダイオードの式は、現実のシリコンのダイオードのIVカーブをそれほど正確には再現できません。モデルが簡単で整流作用が表現できるのが利点です。

## 第4章 pn接合とショットキー接合

### ショットキー

ウォルター・ショットキーは1886年にスイスのチューリッヒに生まれました。スイスにはいくつかの公用語がありますが、チューリッヒはドイツ語圏の代表的都市です。彼の父は数学の教員でしたが、その後ドイツの大学に移ったので、ショットキーもドイツで教育を受けました。ベルリン大学で、1912年に特殊相対性理論の研究で博士号を得ています。指導教授は、量子力学の創始者であるあのマックス・プランク（1858～1947）でした。

写真4-1　W.ショットキー

博士号を受けた後に、ショットキーはイエナのウィルヘルム・ウィーン教授（1864～1928）の下で働きました。ウィーンは1911年に、黒体放射の研究でノーベル賞を受賞した研究者です。ここで、ショットキーは、電子やイオンが関わる物性研究に取りかかりました。彼は生涯の間に、大学とシーメンスの間で職を何回か移っていますが、30代の研究では、1919年に4極真空管を発明しています。

金属と鉱石の接点で整流作用が起こることは1870年代のブラウンらの研究で知られていましたが、その理由は解明されていませんでした。ショットキーは1938年にこの整流作用を説明する理論を作りました。このため、金属と半導体の接合はショットキー接合と呼ばれるようになりました。

この理論を発表した翌年には第二次世界大戦が勃発してい

ます。この大戦を境にして半導体の研究の中心はドイツからアメリカに移りました。彼は89歳という長命を保って1976年に亡くなっています。ドイツには彼の名を冠したウォルター・ショットキー研究所があります。

## ■ショットキー接合の作り方

pn接合を理解したので次に負けず劣らず重要なショットキー接合に移りましょう。ショットキー接合は、金属と半導体の接合です。1938年にドイツのショットキーによって整流作用の秘密が解明されました。

まず、作り方を簡単に見ておきましょう。半導体に金属を蒸着することによってショットキー接合を作ることができます。金属を高温にして溶かすと、金属の原子が蒸発してまわりに飛び出し始めます。その近くに半導体を置いておくと、半導体の表面に金属の原子が付着して膜を作ります。これを**蒸着**と呼びます。

身近な現象では、湯を沸かしているやかんの上に、やかんのふたをかざして、しばらく放置すると、やがてふたに水滴が付着するのに似ています。これは、湯の表面から水蒸気となって飛び出した水の分子が、上昇しふたに接すると熱を奪われ再び液体の水に戻る現象です。

ただし、空気中では、様々なゴミが混じるし、途中に空気があると蒸発した金属の原子のほとんどは空気の分子にさえぎられて半導体まで到達できません。そこで、真空の中で金属を飛ばす必要があります。その真空度は原理的に

は高いほどよいのですが、高い真空に達するには長い排気時間や高価な真空装置を要するので、生産性の観点から適当な真空度が選ばれます。多くの理工系の大学では真空蒸着は2年生か3年生の学生実験に組み込まれています。

## ■ショットキー接合のバンド構造

次にショットキー接合の電位の空間的な分布（図4-11）を見てみましょう。金属と半導体では、フェルミエネルギーの位置が大きく異なります。金属のフェルミエネルギーは禁止帯より上の伝導帯の中にあります。したがって、金属の中では室温でも低温でも半導体に比べて伝導電子は、大量に存在します。

ここではn型半導体と金属のショットキー接合を考えましょう。両者を接触させると、半導体の伝導帯の底の方が金属のフェルミエネルギーより高いので、接合の近くの半導体の電子が金属に流れ込みます。このため、イオン化したドナーによって半導体はプラスに帯電します。この帯電によって、接合近くの半導体の電位が曲がります。このときの電位の曲がり方は、接合の近くの幅$d$の半導体が一様にプラスに帯電していると近似すると、pn接合の場合と同様にポアソン方程式を解いて求められます。結果は図4-11のように下に凸の2次関数が得られます。

一方、金属には伝導帯に極めて多数の電子があるので、ここに接合近くの半導体の（比較的少数の）電子が流れ込んでも、金属の電位は曲がりません。

この接合に電圧をかけるとどのように電位が変わるか見

図のキャプション部分:

電荷密度
電子が抜けたので＋に帯電
n型半導体
0
$d$
$x$
$d$

金属
n型半導体
フェルミエネルギー
伝導帯
擬フェルミエネルギー
伝導帯（多数の電子）
プラスにイオン化したドナー原子

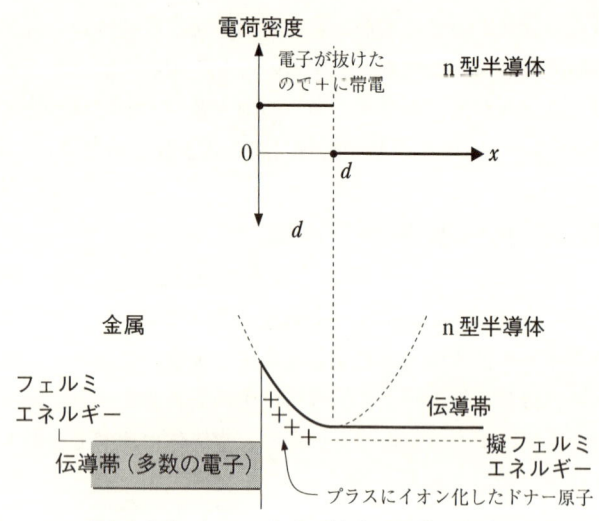

図4-11　ショットキー接合の電位の分布

てみましょう。ショットキー接合はpn接合と同じく整流性があります。ショットキー接合の特徴は金属と半導体の接合近くにポテンシャルの壁（ポテンシャルバリア）ができることにあります。

半導体に電圧をかけて電位を底上げするとポテンシャルの壁を越えられる電子の数が増えて、半導体から金属へ電子が流れます（順方向）。ポテンシャルバリアを越える電子は、伝導帯の底から離れた大きな運動エネルギーを持っているので熱電子（hot electron、直訳では熱い電子）と呼ばれます。このため、この熱電子の金属への移動を、**熱電子放出**と呼びます。この熱電子は金属内でも伝導帯の底から離れた大きな運動エネルギーを持っています。このポ

テンシャルバリアを越えられる電子の数は、pn接合と同じくフェルミ-ディラック分布に従うので、理想的なIVカーブは図4-9と相似形になります。一方、逆の電圧の場合、金属から半導体へ流れる電子の数はポテンシャルバリアにはばまれてほとんど増えないので電子はほとんど流れないままです。

ただし、このショットキー接合とpn接合には大きな違いがあります。pn接合の順方向バイアスでは、n型半導体の電子がp型に流れ込みますが、このときp型半導体にとっての電子は少数キャリアでした。ところがショットキー接合では金属にとっての電子は多数キャリアであるという違いがあります。このショットキー接合は、pn接合より高い周波数まで応答するという特徴があります。

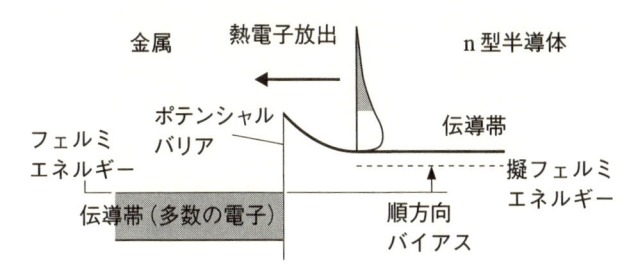

図4-12　ショットキー接合に順方向バイアスをかけると……

■オーミック接触

半導体デバイスの中でショットキー接合を使うとき、整

流作用を持つ典型的なショットキー接合の特性がいつも欲しいわけではありません。というのは、ショットキー接合を、半導体に電気を流し込むためのただの電極として使いたい場合も多いからです。たとえば、p型とn型の半導体を使って、ダイオードやトランジスタを作ったとしましょう。そのn型やp型の部分に外から電気を流し込むためには電極が必要です。その電極に必要なのはオームの法則で書ける $V = RI$ の関係を持つ接合です。変に整流作用が出たり、非線形のI-V特性が出るのは望ましくありません。このようなオームの法則で書けるような電極はオーミックな(オーム性の)接触であると表現します。

オーミックな接触を作るためには、ショットキー接合特有のポテンシャルの壁が邪魔です。そこで、この壁を低くするか、薄くなるような接合を作る必要があります。低い場合は簡単に電子が壁を乗り越えられるし、薄い場合はトンネル効果と呼ばれる量子力学的な効果により多数の電子が容易に壁を抜けられるようになります。このオーミック接触を作るためにはいくつかの金属の選択肢があり、また、どの程度の厚さの金属膜を作るかはノウハウがあるので、一見簡単なように見えて実は企業ごとにノウハウがある領域です。

さて、これでpn接合とショットキー接合というとても重要な知識を身につけました。特にIVカーブを理解したことは大きな進歩です。次章ではいよいよトランジスタに取り組みましょう。

## パソコンの熱暴走

　パソコンのCPU（中央演算処理装置）には、大きなファンが付いていてCPUを冷やしています。これは第3章で見たように、半導体の中を電流が流れると熱が発生するためです。もしファンがなければ、たちまち手を触れられないくらいの温度に上昇してしまいます。

　では、「どうして熱が発生するとまずいのか？」というと、第2章で見たように、伝導帯の電子密度や価電子帯のホール密度が、温度によって変わるためです。温度が上がるとキャリア数は増えるので、想定より大きな電流が流れ始めます。大きな電流が流れると、さらに熱の発生が増えるという悪循環が始まります。これがエスカレートするとデバイスが壊れてしまいますが、それ以前にパソコンのCPUはまともな論理演算ができなくなり、でたらめな計算を始めます。これを熱暴走と言います。

　パソコンや家電製品などで使われる半導体デバイスの温度管理が重要なのは、この理由によります。

# 第5章

## 世紀の発明 トランジスタ

## ■トランジスタの発明者たち

 前章でpn接合の整流作用を理解しました。整流作用だけでもpn接合のメリットはとても大きいと言えます。ところが、このpn接合を組み合わせると、電気信号も増幅できることが明らかになりました。**トランジスタ**の発明です。このトランジスタの発明に関わったのはアメリカのベル電話研究所の3人の研究者、バーディーン、ブラッテン、ショックレーです。本書の冒頭の「世紀の発明」のドラマに戻りましょう。

「真空管に代わるもの」の開発に取り組んでいたショックレーのチームに第二次世界大戦終戦直後の1945年10月に新しい研究員が加わりました。プリンストン大学で固体物理学の大家ウィグナーの下で学んだ理論物理学者バーディーンです。バーディーンは博士号を取ってから、ミネソタ大学の助教授を3年間勤めた後、第二次世界大戦中は海軍の研究所で働きました。バーディーンはショックレーより2歳年上で、ベル研に移ったとき37歳でした。

 ショックレーのグループには優れた実験家であるブラッテンがいました。ブラッテンはバーディーンよりさらに6歳年長でした。年齢的には、リーダーのショックレーがいちばん若いので、3人の関係だけを見ると日本的感覚では少し奇妙に思えますが、ショックレーの下には他にも部下がいました。

 ショックレーは極めて有能な研究者でしたが、人格的には問題の多い人物だったようです。自分自身の能力に自信満々で、協調性を欠いていました。

一方、バーディーンは有能でしたが、極めて寡黙でした。バーディーンとブラッテンの共通のある友人は、ブラッテンにバーディーンを紹介するときこう言ったそうです。「バーディーンは滅多に口をきかない。でも、彼が口を開いたら絶対に話を聞かないとだめだよ」と。

ショックレーが目指していたのは、現在電界効果トランジスタと呼ばれているタイプのものです。これは半導体に2つの電極AとBを付け、AとBの中間にもう1つの電極Cを付けたものです（後の図5-15が電界効果トランジスタの一例）。電極Cに電圧をかけることによって、電極AからBに流れる電流の経路を通りやすくしたり、通りにくくしたりするというものでした。しかし、当時は実際にこのような構造を作っても増幅作用は現れませんでした。

バーディーンとブラッテンは意欲的に研究を続けていました。彼らは従来のウィスカー（金属線）と鉱石を用いた整流器を研究の原型にしていたので、シリコンに針状の端子を下ろして整流作用を調べていました。この針と半導体の表面の電極の間に電圧をかけて半導体内部の電界を変えたいと彼らは考えていました。針の数は2本で、1本の針で電界をかけて、もう1本の針はその電界の効果を調べるものでした。

この時シリコンの表面と針の接触がいつも問題となりました。表面では、結合していない原子の結合の手が余っていて、そこに電子が存在できるエネルギー準位があります。これを**表面準位**と呼びます。これが予期しない影響を半導体の表面に及ぼしているとバーディーンは考えました。

そこで、表面の状態を変えるために、ブラッテンはその他に蒸留水を接触面に落とす実験も行いました。そして蒸留水ではなく、ある種の電解液を使うと増幅作用が現れることに気づきました。1947年11月のことです。これからの1ヵ月は「魔法の1ヵ月」と呼ばれています。バーディーンは後年、「トランジスタの発明の際によく議論した理論物理学者は誰ですか」と質問されて、「理論家とは議論していない、実験家とだけ議論した」と答えています。これは理論家であるショックレーがトランジスタの発明に貢献していないということを意味すると同時に、実験家ブラッテンのすぐそばで物理を考えたバーディーンの特徴を表しています。理論物理学者でありながらバーディーンは可能な範囲でブラッテンの実験を手伝い、その結果を2人で議論し、次の実験を提案しました。

　彼ら2人はまもなく電解液なしで増幅作用を生み出す組み合わせを見つけました。半導体はシリコンからゲルマニウムに替えました。最終的には図5-1のような構造のトランジスタを作りました。増幅作用が確認されたのは1947年12月16日です。ゲルマニウムに三角形のプラスチックが押しつけられています。さらによく見ると、三角形の2つの辺にそって、金箔が張り付けられています。これは三角形の頂点とゲルマニウムが点接触しているので、点接触型トランジスタと呼ばれています。この金箔は頂点のところでカミソリによって左右に切断されていて、左がエミッタで、右側がコレクタの電極になっています。

第5章 世紀の発明 トランジスタ

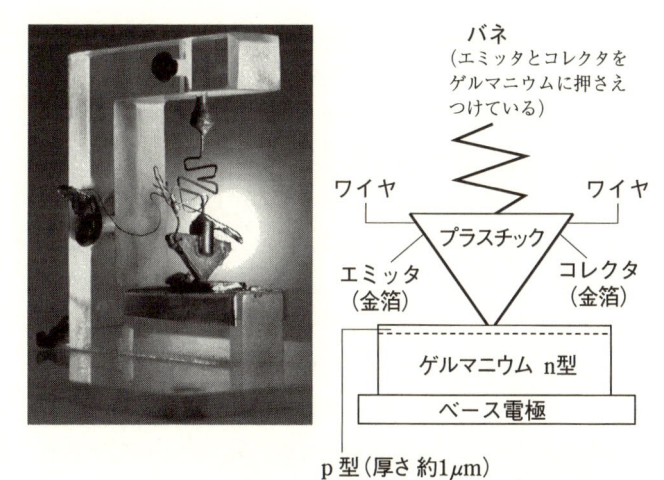

**図5-1 最初の点接触型トランジスタの模式図**
Bell Labs "History of The Transistor"

バーディーンとブラッテンが出願した特許（US Patent 2524035）の明細書によると、このゲルマニウムは上面側の厚さ約1μmがp型半導体であり、それより下はn型半導体になっています。エミッタ電極とコレクタ電極は近接して作る必要があり、その距離はわずか0.1mm（約100μm）が望ましいとあります。カミソリで金箔を切断したのはこの0.1mmの間隙を作るためです。肝心のトランジスタ作用は、三角形の頂点がゲルマニウムに接している部分で生じます（エミッタとコレクタについては後述します）。

この発明（発見？）によって「真空」を使わずに固体だけで構成した増幅装置が実現できました。このトランジス

タは当時全盛を誇っていた真空管の性能には多くの点で及ばなかったのですが、その可能性は大きなものでした。ベル研の上層部はすぐにこの発明の重要性に気づき、ただちに特許の申請にとりかかりました。

特許の内容については、ショックレーは、彼の発案による電界効果を中心にしたものにすべきだと主張しました。また、特許は複数ではなく1人の発明者によって出願されるべきであり、それはトランジスタ開発のリーダーである自分自身に権利があると考えていました。一方、バーディーンとブラッテンは、ショックレーはトランジスタの発明に何の貢献もしていないと考えていたので、この提案を極めて不当なものだと思いました。

特許の申請は当初、ショックレーの指導のもとに進んだのですが、やがてベル研の特許調査部門は、ショックレーが考えた電界効果を用いたトランジスタは既にリリエンフェルドによって1930年に特許取得されていることを見つけました。リリエンフェルドは実際に動作するトランジスタを作ったわけではありませんが、アイデアで特許を得ていたというわけです。そこで、特許の内容はバーディーンとブラッテンの点接触型トランジスタとなり、ショックレーの名前は入りませんでした。

この新しい電子部品の名前の案はいくつも考えられましたが、なかなか決まりませんでした。結局6つの候補を載せたアンケートが研究所内を回覧されました。候補は、「半導体トライオード」、「表面状態トライオード」、「結晶トライオード」、「固体トライオード」などで、3極真空管

(vacuum tube triode) でも使われたトライオード（3極）という単語が有力候補でした。残りの2つは、「イオタトロン」と「トランジスタ」で、その下はこれ以外の候補を任意に書き込む欄になっていました。それぞれの候補に説明が加えられていますが、トランジスタは、「トランスコンダクタンス」または「トランスファー」と、「バリスタ」の合成語であると記されています。そして、読者の皆さんがご存じのように「トランジスタ」いう言葉が選ばれました。

　トランジスタの発明が公表されたのは、実験が成功してから半年後の1948年6月30日でした。6月17日に特許を出願したので公表が可能になったのです。このときのベル研でのトランジスタの発表では「チームワークの勝利であり、基礎研究が工業の役に立つ証明だ」という広報がなされました。しかも、記者会見ではグループリーダーのショックレーが質問に的確に答えたので、あたかもショックレーがこの発明の中心人物であるかのように映りました。専門誌「エレクトロニクス」に載った写真は、彼らの実験室で、いつもブラッテンが使っている作業机の前に、この実験に直接携わったことがないショックレーが座り、その後ろにバーディーンとブラッテンが並ばされていました。特許の権利の論争を経て、ショックレーと2人の間には決定的に大きな溝ができていました。このとき、ブラッテン46歳、バーディーン40歳、ショックレー38歳でした。

手前がショックレー、後列左からバーディーンとブラッテン。いすの背に手をかけているブラッテンはこの写真を嫌っていたと言われています。右下のタイトルは「革命的な増幅器　結晶3極管」と書かれています。

**写真5-1　専門誌の表紙を飾った問題の写真**
Bell Labs "History of The Transistor"

■ショックレーの逆襲──天才たちの争い

　点接触型トランジスタは大きな欠点をいくつか抱えていました。1つは作製が容易ではないことです。量産に当たっては、三角形のプラスチックではなく、2本の針を立てる方法がとられましたが、針と針の間隔を精度良く作るのが簡単ではありませんでした。また、針の先端部分近くのゲルマニウムをp型化するのが容易ではなく、不良品の山を大量に作りました。加えて、針を2本立てることから、極めて不安定な形をしていて、力学的に壊れやすいことも問題でした。

　ショックレーはトランジスタの開発を主導したのは自分であるという自負心とともに、一方で点接触型トランジスタの発明には自分が直接には貢献していないことを自覚していました。8年間にわたって、「真空管に置き換わるも

の」の研究に携わっていながら、果実の摘みとりに関われなかったのです。

　ショックレーは点接触型トランジスタの発明直後から、新しいトランジスタ構造の考案に集中的に取り組みました。クリスマス休暇中も、そのすぐ後の学会出張中も１人でこの課題に没頭しました。そして点接触型トランジスタの欠点を補う構造のトランジスタを、なんと１ヵ月後に考え出したのです。それが**接合型トランジスタ**です。特許の出願日は1948年の6月26日で、点接触型トランジスタの出願に遅れることわずか9日です（US Patent 2569347）。ショックレー単独での出願でした。ショックレーが単なる管理職ではなく、トランジスタの物理を熟知した第一線の研究者であったことを証明しています。

　バーディーンとブラッテンの特許明細書を読むと、図5-2の破線のように電流のほとんどは、p型層の中だけを横方向に流れると考えていたことがわかります。半導体下部の電極によってこの経路が影響を受けると考えていたようです。彼らは、点接触型トランジスタの増幅作用がなぜ起こるかの明確なイメージを持っていませんでした。

　一方、ショックレーは、電流がp型層からn型半導体中に入り、n型半導体からp型層に戻るという図5-2の実線の経路が重要だと考えていました。つまり、p型→n型→p型の電流の流れがトランジスタ作用の本質だと見抜いていたのです。

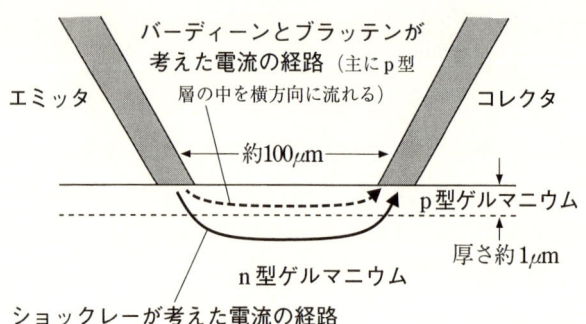

**図5-2 点接触型トランジスタ（図5-1）の先端の拡大図**

（図中のラベル）
- バーディーンとブラッテンが考えた電流の経路（主にp型層の中を横方向に流れる）
- エミッタ
- コレクタ
- 約100μm
- p型ゲルマニウム
- 厚さ約1μm
- n型ゲルマニウム
- ショックレーが考えた電流の経路（p型→n型→p型と電流が流れる）

この図の縦と横の縮尺が大きく異なることに注意。エミッタとコレクタ間の距離は約100μmですが、p型層の厚さはわずか1μmです。

　ショックレーの接合型トランジスタはアイデアだけで、まだ現実のものになっていませんでした。しかし、ショックレーの心の中には実現への強い自信があったのでしょう。点接触型トランジスタの記者会見での強い態度の裏には、やがて点接触型トランジスタが接合型トランジスタに置き換わるという見通しがあったものと考えられます。

　ショックレーは後年、大学教育で偉大な発見や発明がスマートに生まれたかのような印象を学生たちに与えているのは間違いで、多くの発明や発見は失敗の後で生み出されたものだと述べています。

　やがて、新しく始まった接合型トランジスタの研究では、ショックレーはバーディーンとブラッテンを外してしまいました。自信家のショックレーもバーディーンの能力には警戒したのでしょう。バーディーンは、ショックレー

第5章 世紀の発明 トランジスタ

が興味を持たない問題だけにしか関われなくなりました。彼はベル研に移る際に、研究テーマを自由に選んでよいという約束をベル研の幹部からとりつけていました。しかし、それは反故(ほご)にされたのです。バーディーンとショックレーの人間関係は修復できないほど悪化しました。

## アイデア特許は認められるか？

　特許は、実際に発明が実現されて動作が確認されている方が認められる可能性が大きくなります。しかし、アイデアだけの特許が、実際には動作していないにもかかわらず認められてしまうこともあります。そういう特許の申請書には、実際には動いていなくても、多くの場合「動いた」と書かれています。

　リリエンフェルドの電界効果トランジスタの特許も、実際には作製された可能性はまず無いのですが、特許は認められました。

　ショックレーの接合型トランジスタも、特許明細書には「動いた」と書かれています。ショックレーが動いたと主張するトランジスタは次の図のもので、電解液を使っています。

　でも本当に動いたのでしょうか？　また、もし動いたとしても、この構造が接合型トランジスタの特徴をよく反映しているかと問われればかなり疑問ではあります。

　もっとも、図5-1のバーディーンとブラッテンの点接触型トランジスタでの主な電流の流れを、p型→n型→p型と考えれば、接合型トランジスタの原理はすでに実証されてい

165

たことになります。

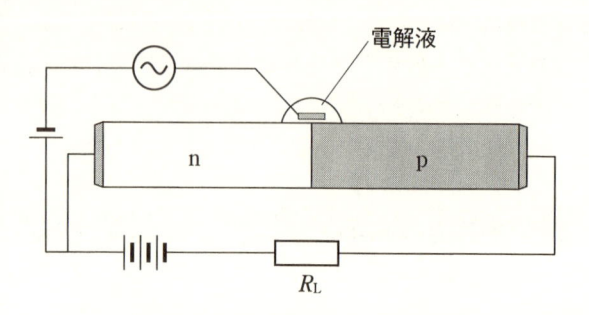

**ショックレーの接合型トランジスタ特許**
(US Patent 2569347) の Fig. 1 より

## ■ベル研を去る人々

　トランジスタの研究を続けられなくなったバーディーンは1940年代の初めに取り組んでいた超伝導の研究に戻りました。超伝導とは、極めて低温で、ある種の金属の電気抵抗がゼロになる現象です。オランダのオンネス（1853～1926）が1911年に見つけた現象ですが、なぜ超伝導になるかは不明でした。バーディーンがベル研を去ってイリノイ大学に移ったのは、トランジスタの発表から3年足らずの1951年です。

　接合型トランジスタは、ショックレーの指導のもとに1951年に実現されました。そして量産に苦しんでいた点接触型トランジスタに置き換わりました。

　ショックレーはやがて自分自身で研究所を作りたいと考

えるようになりました。ベックマンインスツルメンツという企業の援助が得られると、自分が育ったカリフォルニア州パロアルトに戻り、1955年にショックレー半導体研究所を設立しました。これが後年のシリコン・バレーの起源になりました。

　ショックレーは全米から優秀な人材を集めるよう努力し、特に学会などで見つけた優秀な人材をリクルートしました。後にショックレーはあるジャーナリストの記事の中で、「シリコン・バレーのモーゼ」と呼ばれました。ショックレーは全米から優秀な人材を集めて、約束の地としてシリコン・バレーを拓いたというわけです。

　1956年にショックレー、バーディーン、ブラッテンの3人はノーベル物理学賞を受賞しました。点接触型と接合型の3人のそれぞれの功績が認められたのです。賞金額は均等に3分の1ずつでした。

## ■シリコン・バレーの開拓者たち

　順調にスタートしたかに見えたショックレー半導体研究所ですが、ショックレーと部下の対立は間もなく始まりました。わずか1年あまりで、設立時に集めた英才のうち8人が去りました。その中のゴードン・ムーア（1929〜2023）やロバート・ノイス（1927〜1990）らは、後にインテル社を設立してその社長になりました。

　ノイスは特に集積回路の発明者としても有名です。集積回路の発明者として、キルビー（1923〜2005）が2000年のノーベル物理学賞を受賞しましたが、もしノイスが生き

ていたら彼も有力な授賞対象者になっただろうといわれています。

　ムーアも、ムーアの法則を提唱したことで有名です。ムーアの法則とは、1965年に提唱したもので「集積回路上の半導体の数は年率2倍で増える」というものです。事実、ムーアの法則に従って半導体の集積度は著しいスピードで向上しました。その後、1975年にこの成長はわずかに鈍化したので、ムーアは「2年ごとに2倍」に改訂しました。このムーアの法則は、半導体産業にとって大きな指導原理となり、現在に至るまでほぼムーアの法則に従って集積度は向上しています。ムーアによるとショックレーは半導体の中の電子の動きを直観的に把握する優れた能力を持っていましたが、人を動かすのは下手だったとのことです。

　ショックレー半導体研究所は、やがて経営に行き詰まり、ショックレーも大学（スタンフォード大学）に移りました。ショックレーの研究所は、ミクロに見ると失敗したといえるのかもしれませんが、ショックレーが蒔いた種は、シリコン・バレーというアメリカの（世界のというべきでしょう）半導体産業の中核を生み出しました。

■2度目の栄冠

　バーディーンはイリノイ大学に移って後、20歳代の助手クーパー（1930～）と大学院生シュリーファー（1931～2019）とともに、超伝導の謎を解く理論を作り上げました。この理論は3人の頭文字をとってBCS理論と呼ばれ

ています。

　バーディーンにとっては、接合型トランジスタの研究に参加できなかったことが、結果的にBCS理論につながりました。「人間万事塞翁が馬」とは中国のことわざですが、1972年にバーディーンはこのBCS理論で2度目のノーベル物理学賞を受賞しました。ノーベル物理学賞を2度受賞したのはバーディーンだけです。

　バーディーンは授賞式の晩餐会でのスピーチで、「前回のノーベル賞も緊密な共同研究によって得られたものです。私の計算では、1足す1は2ではありません。3分の1足す3分の1は、3分の2に等しいのです」と述べました。2回のノーベル物理学賞受賞を騒ぐ世間に対して、自分の功績はそれぞれ3分の1にすぎないと謙遜してみせたのです。

### リリエンフェルド

　ユリウス・リリエンフェルド（1882～1963）は、1882年にオーストリア・ハンガリー帝国のレンベルク市（現在、ウクライナのリヴォフ）に生まれました。ベルリン大学に学び、1905年に「混合ガスの高感度定量スペクトル解析について」という学位論文で博士号を得ました。ライプツィヒ大学で職を得て、ガス系の研究やX線管の研究に取り組み、論文だけでなく多くの特許も得ました。

　1921年のアメリカ訪問から、アメリカで過ごすことが多くなりました。アメリカ訪問の理由の1つは、X線管の有力なメーカーだったジェネラルエレクトリック社に彼の特許を認めてもらうことだったようです。ユダヤ人への圧力がド

イツ国内で高まってきたこともあり、1926年にライプツィヒ大学の職を離れ、アメリカのアーゴン研究所に移りました。

　1926年と1928年に出願した特許で、電界効果トランジスタを考案しています。当時は、トランジスタ作製に必要な高純度の半導体結晶の作製技術がなかったので、実際にトランジスタを作製するのは不可能だったと考えられています。しかし、実現できなくても、彼の先駆的な業績は輝いています。時代をはるかに先んじた研究だったというべきでしょう。

　1948年6月にベル電話研究所は4つのトランジスタの特許を申請しました。このうち、バーディーンとブラッテンの点接触型トランジスタと、ショックレーの接合型トランジスタの特許だけが成立しました。あとの2つは、リリエンフェルドの特許のために、認められませんでした。

　リリエンフェルドの特許明細書にはこの電界効果トランジスタを使ったラジオが応用例としてあげられています。実際にトランジスタラジオが発売されたのは1954年で、特許申請から30年近い年月が流れていました。

　リリエンフェルドは、その後も電気工学の分野で多くの特許を申請しました。アメリカ物理学会は、1988年にリリエンフェルド夫人の遺産をもとに、Julius Edgar Lilienfeld賞を創設しています。

第5章 世紀の発明 トランジスタ

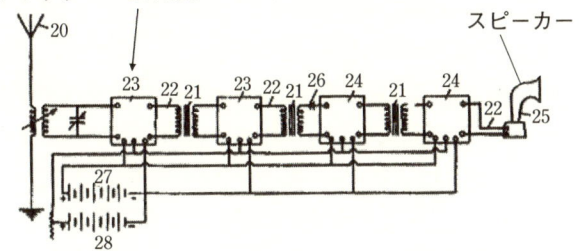

リリエンフェルドが、電界効果トランジスタの応用例として、特許（US Patent 1745175）に記したトランジスタラジオ

トランジスタラジオ（ただし、接合型トランジスタを使ったもの）は、28年後に登場しました。

■バイポーラトランジスタ

では、いよいよ接合型トランジスタの理解にとりかかりましょう。接合型トランジスタを**バイポーラトランジスタ**と呼ぶこともあります。バイポーラとは双極性という意味でプラスとマイナスの2つの電荷が動作に関わっていることを意味します。

接合型トランジスタの理解では、まず、キャリアがどのように分布するかを考えます。次に、電流と電圧の関係について考えます。その後でトランジスタの2種類の動作、「増幅」と「スイッチング」について考えます。

トランジスタの構造を簡単に書くと図5-3になります。この図はショックレーの1948年の特許明細書を基に作成

171

したものです。バイポーラトランジスタは、n型p型n型かp型n型p型の3つの領域からなっていて、pn接合は2つあります。この図はnpn型のトランジスタです。左側のn型領域は**エミッタ**と呼びます。中央部の狭いp型領域は**ベース**と呼ばれます。右のn型領域は**コレクタ**と呼ばれます。エミッタは「発するところ」という意味でコレクタは「集めるところ」という意味です。切手の収集家などもコレクタと呼びますね。エミッタとコレクタは、それぞれキャリア（npn型ではキャリアは電子）の入り口と出口を表しています。ベースの幅は、エミッタから入った電子が拡散によって十分横切れるぐらい薄くなっています。

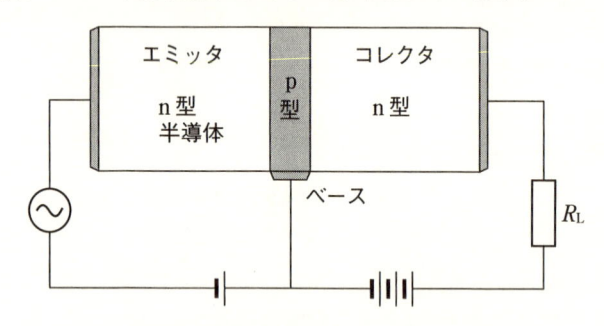

**図5-3　接合型トランジスタの構造図**
1948年のショックレーの特許明細書（US Patent 2569347）の Fig. 3 より

図5-4は、npn型とpnp型トランジスタの記号を表しています。矢印のあるのがエミッタで、矢印は電流の向きを表しています（電子の流れとは逆であることに注意して下さい）。トランジスタを表す記号はもう1つあって、後で説明するようにそちらは電界効果トランジスタを表しま

す。

　トランジスタの通常の動作を活性モードと呼びます。活性モードでは、エミッタ(E) – ベース(B)間の電圧は順方向に、コレクタ(C) – ベース(B)間の電圧は逆方向にバイアスされています。トランジスタには3つの端子がありますがエミッタから流れこんだ電子がベースとコレクタから流れ出すので、

$$I_E = I_B + I_C \quad (5\text{-}1)$$

の関係があります。したがって、この3つの端子の電流のうち2つの端子分だけが独立で、2つの端子の電流がわかれば、残りの1つの端子の電流もわかります。

　pnp型トランジスタでは、電流、電圧の向きはすべてnpn型トランジスタと逆になります。npn型を理解できれば、pnp型はプラスとマイナスを変えるだけです。

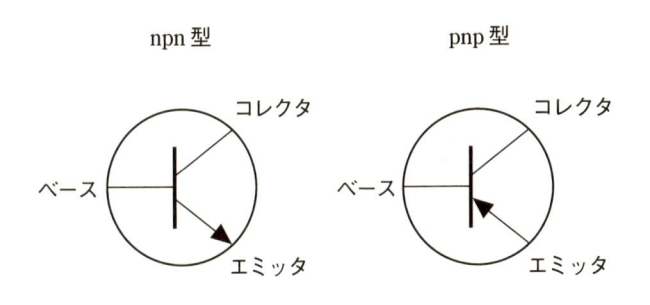

図5-4　トランジスタの記号

## ■活性モードにおける動作

図5-5の上図は、エミッタ・ベース・コレクタのどの端子にも電圧をかけていないときのエネルギーバンド図です。既に見たように、n型半導体は擬フェルミエネルギーが高く、p型半導体は擬フェルミエネルギーが低くなっています。半導体を接合してnpn接合を作ると、擬フェルミエネルギーが同じ値になるまで、それぞれのエネルギーレベルが変化します。このため、p型半導体の伝導帯の底のエネルギーはまわりのn型よりも高くなります。

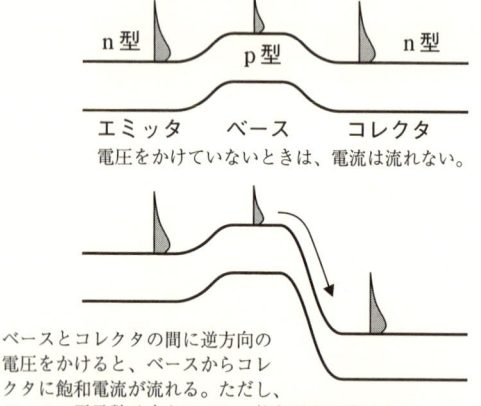

電圧をかけていないときは、電流は流れない。

ベースとコレクタの間に逆方向の電圧をかけると、ベースからコレクタに飽和電流が流れる。ただし、ベースの電子数は少ないので、飽和電流の値は小さい。エミッタに大量にある電子のほとんどはせき止められたまま。

**図5-5 npn型トランジスタのエネルギーバンドと、ベース-コレクタ間に逆方向に電圧をかけた場合**

トランジスタとして働かせるには、エミッタとベースとの間に順方向の電圧をかけ、ベースとコレクタとの間に逆方向の電圧をかけます。

第5章 世紀の発明 トランジスタ

まず、ベースとコレクタとの間に逆方向の電圧をかけたときのポテンシャルの形を模式的に書くと図5-5の下図のように、ダムのようになります。エミッタ（ダム湖）の電子のうちベース（ダムの水門）を越えられるものはわずかで、ほとんどダム湖に溜まったままです。わずかにダムの水門を越えた電流だけが、コレクタ（下流）に向かって流れ落ちます。このダムの水門は普通のダムとは違って、下からせり上がる構造になっています。

エミッタとベースの間に順方向の電圧をかけると、エミッタからベースに拡散電流が流れます。拡散電流のほとんどは、ベースを越えて、コレクタに流れ込みます。エミッタとベースの間の電圧 $V_{EB}$ をわずかに変化させるだけで、コレクタに流れ込む電流の量を大きく変化させられます。ダムの水門の開閉で、水の流量を大きく変えられるのと似ています。

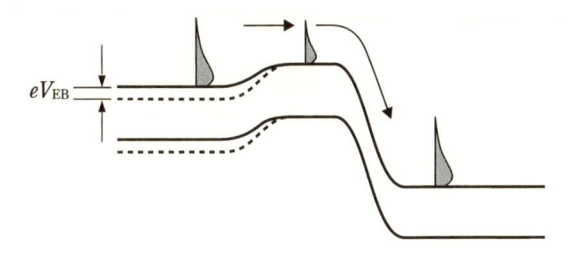

**図 5-6　エミッタ-ベース間の電圧で「水門の高さ」が変化する**

次にエミッタとベースとの間の電圧 $V_{EB}$ を変化させると、図5-6のようにエミッタから見たダムの水門の相対的な高さも変化します。ベースの水門を乗り越えた電子は、ベースとコレクタとの間の大きな電位差によってコレクタに流れ落ちます。エミッタとベース間の電圧 $V_{EB}$ を変えてベース（水門）のゲートの高さを相対的に変えれば、この

コレクタに流れる電子の数を変化させられます。実際は、このエミッタとベース間の電圧を変化させるとベース電流も一緒に変化します。ただし、ベースは非常に薄くして、拡散電流がほとんどコレクタに到達できるようにする（エミッタ電流は、そのほとんどがコレクタ電流になる）ので、ベース電流はわずかです。

　実際のトランジスタでは、エミッタから注入されるキャリアは多いほどよいので、エミッタにはドナー（n型の場合）または、アクセプタ（p型の場合）を多くドープします。したがって、エミッタがn型である場合は、高密度のドープを表す+記号がついて、$n^+$あるいは$n^{++}$型になります（p型の場合は、$p^+$あるいは$p^{++}$型）。

### ■バイポーラトランジスタの増幅回路

　バイポーラトランジスタのバイアス電圧のかけ方としては、エミッタ接地回路が最もよく使われます。他にベース接地回路と呼ばれるものもあります。接地とは、アースをつなぐことを意味し、ここが電圧0Vの基準になります。地球（アース）という大きな電荷の入れ物につながっているので、何をしても（どのように電圧をかけても）この電圧は変動しないものと見なせます。

　それぞれの接地回路で注目すべきポイントは、入力が何で、出力が何かということです。たとえば、ベース接地回路は、ベースはアースにつないで（接地して）、エミッタを入力としコレクタを出力とします。ベース接地回路での入力のエミッタ電流$I_E$に対する出力のコレクタ電流$I_C$の

第5章 世紀の発明 トランジスタ

比は**電流増幅率** $a$（current amplification factor）と呼ばれます。

$$a = \frac{I_C}{I_E} \quad (5\text{-}2)$$

先ほど図5-6で見たようにエミッタ電流のほとんどはコレクタ電流になるので、$a$ の値は1よりわずかに小さい値です。

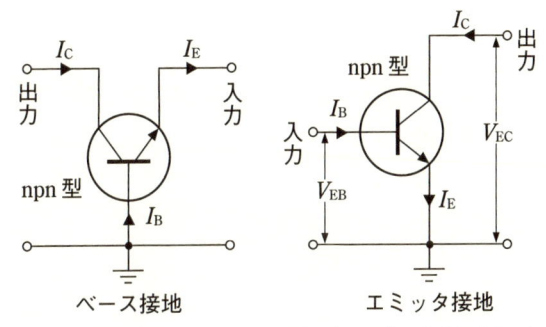

電流の向き（矢印）と、電子の流れは逆であることに注意しましょう。

**図5-7 よく利用されるnpn型トランジスタの接地方法**

一般に最もよく利用されているのはエミッタ接地回路です。エミッタ接地回路は図5-7の右図のように、ベースを入力として、コレクタを出力とします。ベース電流 $I_B$ は(5-1)式と(5-2)式からわかるように

$$I_E = I_B + I_C$$
$$\therefore I_B = I_E - I_C$$
$$= I_E(1-a)$$

177

となり、エミッタ電流の $(1-a)$ 倍であることがわかります。

入力のベース電流と出力のコレクタ電流との比は**エミッタ接地電流利得** $\beta$ と呼ばれます。(5-2) 式を使うと

$$\beta = \frac{I_C}{I_B}$$

$$= \frac{a\,I_E}{(1-a)I_E}$$

$$= \frac{a}{1-a}$$

で与えられます。$a$ は1よりわずかに小さい値なので、これは大きな値になります。たとえば、$a = 0.999$ なら、この比は999倍つまり、約1000倍となります。つまり、「エミッタ電流 ≈ コレクタ電流」なので、

$$\frac{エミッタ電流}{ベース電流} \approx 1000\ 倍$$

となるというわけです。

このときの関係を表したのが図5-8です。横軸はエミッタとコレクタ間の電圧 $V_{EC}$ で、縦軸はコレクタ電流 $I_C$ です。カーブが多数あるのはベース電流 $I_B$ が変わるとカーブも変化するからです。この図では、いちばん下のカーブがベース電流 $0\mu A$ のもので、ベース電流の値を大きくするにつれて、コレクタ電流も大きくなります。エミッターベース間は順方向バイアスなので、ベース電流が大きくな

第5章　世紀の発明　トランジスタ

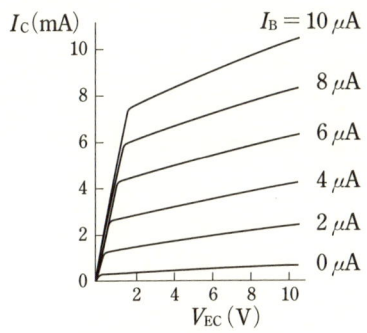

図5-8　ベース電流の変化によるエミッタ−コレクタ間電圧とコレクタ電流の関係

るときは、図5-6のようにエミッタとベースの伝導帯の底の電位差が小さくなっていることを意味します（つまり、ダムの水門が低くなっています）。このグラフは、ベース電流が増えるほど、ダムの水門が低くなって、より多くの電流がコレクタに流れていることを意味します。

これが、エミッタ増幅の典型的な依存性です。もっとも、このカーブを見るだけではトランジスタの動作のどこがありがたいのか、まだ、よくわからないという方も多いでしょう。そのポイントは次に見ることにしましょう。

■トランジスタの増幅動作

テレビや携帯電話のアンテナが受ける電波は微弱です。そこで、人間が見たり聞いたりできるように、電流や電圧をディスプレイやスピーカーを動作させる大きさまで増幅する必要があります。そのときに活躍するのがトランジスタの増幅作用です。このトランジスタの増幅動作を見てみ

ましょう。

　まず、図5-9のようなエミッタを接地した簡単な回路を考えます。トランジスタのコレクタには、負荷抵抗$R_L$がつながっています。添え字のLは負荷（Load）を表します。この回路では、トランジスタによる電流の増幅は、この負荷抵抗のために行われます。したがって、実際の回路では、この負荷抵抗がスピーカーであったり、受話器であったりします。このときベースとエミッタの間に入れる交流電圧$v_{EB}$が、「増幅させたい信号」です。

　具体的なイメージとしては、たとえば、この回路は携帯電話の中の増幅回路だと考えてみればわかりやすいでしょう。携帯電話のアンテナが受けた微弱な信号$v_{EB}$を、受話器のスピーカー$R_L$に増幅して流す働きを考えることにします（もちろん実際の回路はもっと複雑ですが）。

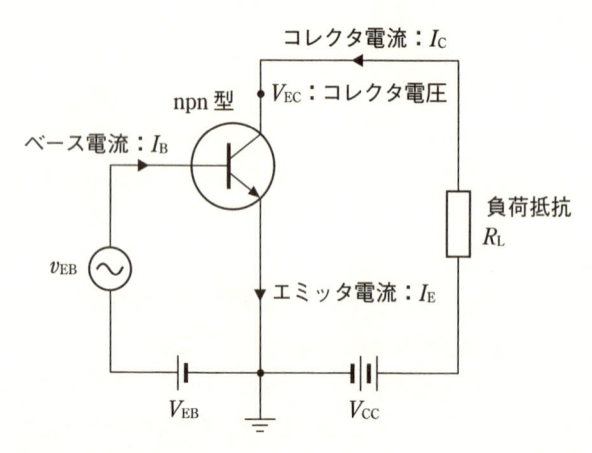

図5-9　npn型トランジスタをエミッタ接地した増幅回路

この回路では、まず、負荷抵抗$R_L$を含む図5-9の右半分の回路を考える必要があります。ここではエミッタと負荷抵抗の間に電圧$V_{CC}$の電池（電源）がつながっています。したがって、この回路の電圧を考えると、

$$V_{CC} = V_{EC} + V_L$$

となります。$V_{EC}$はコレクタ電圧で、$V_L$は負荷抵抗に生じる電圧です。ここで、オームの法則から

$$V_L = I_C R_L$$

なので、

$$V_{CC} = V_{EC} + I_C R_L$$

となります。コレクタ電流$I_C$を左辺に移してまとめると、

$$I_C = \frac{V_{CC} - V_{EC}}{R_L}$$

の関係が成り立ちます。したがって、負荷抵抗があるときには、コレクタ電圧$V_{EC}$を横($x$)軸にとり、コレクタ電流$I_C$を縦($y$)軸にとったグラフを書くと、図5-10のように切片を$\frac{V_{CC}}{R_L}$とし、傾き$-\frac{1}{R_L}$の直線になります。この直線のことを**負荷線**と呼びます。これが図5-9の右半分の回路で成り立っている関係です。

一方で、トランジスタのコレクタ電流とコレクタ電圧の間には、図5-8の関係が成り立っていました。この2つの

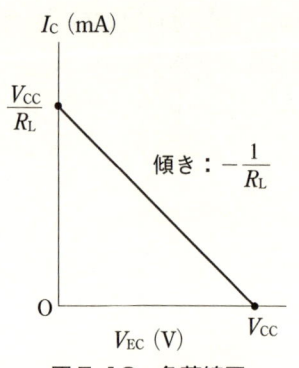

**図5-10 負荷線図**

グラフを重ねてみましょう（図5-11）。この2つの関係は同時に成り立たなければならないわけですから、この2つのグラフの直線と曲線が重なるところ（すなわち交点）が実際の電圧と電流を決めることになります。

この図はとてもおもしろい関係を表しています。まず入力信号のベース電流は、図のようにサイン波で変化するとします。たとえば、ベース電流が$2\mu A$であったときには、その交点が解になります。このときの出力信号のコレクタ電流は約2mAです。次に、ベース電流をずっと上げてみましょう。ベース電流が$8\mu A$のときにはコレクタ電流は約6mAとなります。このときの交点がまた解です。

このときのベース電流の変化を見てみると、$2\mu A$から$8\mu A$まで$6\mu A$変化しました。しかし、トランジスタのコレクタ電流は、2mAから6mAまで、約4mA変化しています。なんとその大きさの比は600倍以上になります。これがトランジスタの増幅作用です。ベース電流の変化は約

600倍以上増幅されてコレクタ電流の変化になったわけです。

筆者の子供時代には、トランジスタが1個しか使われていないラジオの組み立てキットが通信販売で売られていました。トランジスタが1個のものを1石(せき)トランジスタ・ラジオ、3個使ったものを3石トランジスタ・ラジオなどと呼んでいました。トランジスタの個数を「石」で数えていたわけです。これらのトランジスタラジオでは、このようにトランジスタを増幅に用いていました。このような働きを**アナログ動作**と呼びます。トランジスタは、増幅において遺憾なく実力を発揮したので、急速に真空管に取って代わっていきました。

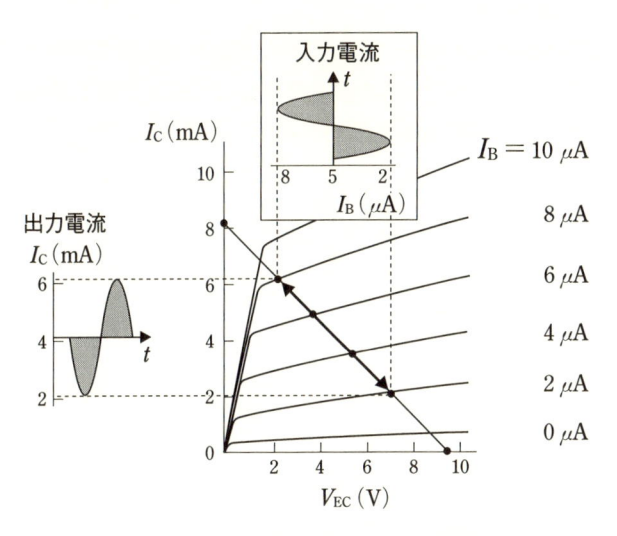

図5-11 npn型トランジスタの増幅動作

■**実際の増幅回路図の例**

トランジスタを使った実際の増幅回路を図5-12に示しました。先ほどのエミッタ接地回路とは相当違っているように見えます。しかし、違いはわずかなのです。

まず、トランジスタにつながる電源は、$V_{EB}$と$V_{CC}$に別の電源を用意せずに、通常は1つの電源$V_{CC}$から2つに分けて使います。実際の回路では、別々の電源を複数用意するのは合理的ではありません。この図では、ベースとコレクタそれぞれに$R_B$と$R_C$という値の違う抵抗を使って適切なバイアス電圧をかけています。また、入力信号$v_{EB}$は交流なので、ベースとの間にコンデンサーを入れてつなぐのが一般的です。コンデンサーは直流を通さず、交流だけを通過させるからです。

この図のような$R_B$と$R_C$のつなぎ方を**固定増幅回路**と呼びます。$R_B$と$R_C$の抵抗のつなぎ方には他に**正帰還増幅回路**とか、**負帰還増幅回路**と呼ばれる何種類かの方法があっ

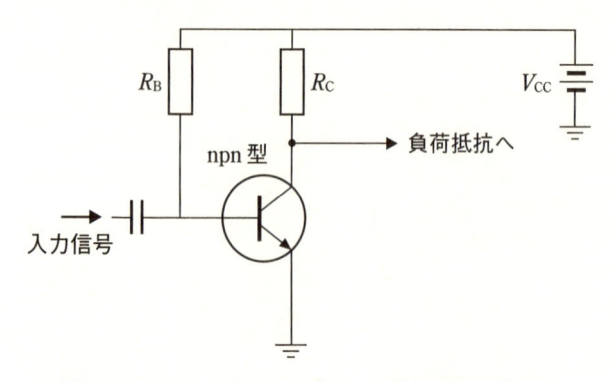

図5-12　npn型トランジスタの増幅回路の実際例

第5章 世紀の発明 トランジスタ

て、実際の回路では、トランジスタを安定に動作させる方法が工夫されています。

## ■トランジスタの2つの使い道

トランジスタには重要な使い道が2つあります。1つは、ここまでに見た電流や電圧を増幅することです。この目的でトランジスタは身のまわりのいたるところで使われています。

もう1つは、スイッチとしての働きで、電気を流したり止めたりするのに使えます。これをトランジスタのスイッチ動作とか、**デジタル動作**と呼びます。交換機の電子部品として、真空管に代わるものの開発を始めたショックレーのもともとの動機はこのスイッチ動作の実現でした。

このスイッチ動作が最も多く使われているのはコンピューターです。コンピューターでは、0と1の2つで計算しますが（つまり2進法）、例えば、電流を流しているときが1で、止めているときが0という具合です。

ちなみに、コンピューターというとパソコンのような大きなものを連想するかもしれませんが、パソコンの中でもコンピューターの中心部は数mm角の大きさです。そこに1000万個から1億個ものトランジスタが載っています。冷蔵庫やエアコン、洗濯機や携帯電話の中でも小さなコンピューター（マイクロコンピューター）が働いていて、様々なものを制御しています。たとえば炊飯器では、火力を調整しながら、「はじめチョロチョロ、なかパッパ……」に相当する制御をしています。

■ **トランジスタのスイッチ動作**

　トランジスタのこのスイッチ動作を見てみましょう。図5-13のグラフの、右下と左上の点に注目して下さい。左上の負荷線との交点では、電圧は小さいものの電流はたくさん流れています。トランジスタを門にたとえるなら、門を開けている状態に対応しています。

　次に、この図の右下の点をご覧下さい。ここでは電圧は高いのですが、電流はほとんど流れていません。つまり門にたとえると門を閉じた状態に対応します。

　とすると、ベース電流を$0\mu A$と$10\mu A$の間で変化させるだけで、トランジスタを流れるコレクタ電流を流したり、ほぼ止めたりできることになります。つまりスイッチ動作が可能になったわけです。

　この関係はコンピューターなどで非常に重要です。このスイッチ動作（デジタル動作）では、電流が流れている状態が1で、止まっている状態が0になります。電流を流し

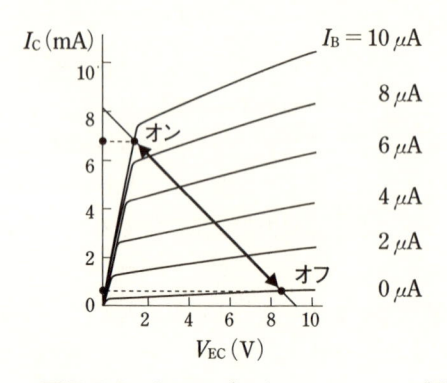

図5-13　トランジスタのスイッチング動作

たり止めたりすることで、コンピューターの動作まで実現します。

### ■遮断周波数

トランジスタを使う場合には低い周波数だけでなく高い周波数でも多くの用途があります。低い周波数での増幅の代表例は、音の増幅です。人間の耳に聞こえる音の周波数はおおよそ20Hzから20kHzまでです。一方、ラジオのAM放送の電波は1000kHzぐらいで、FM放送は100MHzぐらいです。このように高い周波数での用途も数多くあります。

どれぐらい高い周波数まで使えるかを測る指標を、**遮断周波数**と呼びます。遮断周波数はエミッタ接地電流利得（増幅率）$\beta$が1になる（$I_C = I_B$）周波数の値で定義されています。増幅率が1であるということはトランジスタの重要な動作である増幅機能が働いていないことを意味します。高い周波数で動作させるときにはできるだけ遮断周波数の高いトランジスタを使う方がよいということです。

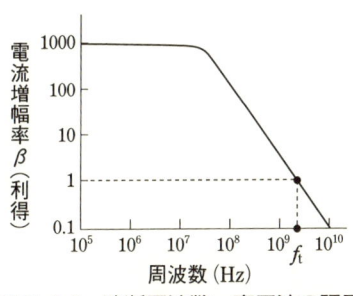

**図5-14　遮断周波数＝高周波の限界**

図5-14では、100kHzで $\beta = 1000$ ですが、100MHzの手前で増幅率は落ち始め、1GHzを超えたあたりで $\beta = 1$ となります。この周波数が遮断周波数$f_t$です。

■遮断周波数と $g_m$(ジーエム)

トランジスタの増幅の性能を表す量には電流増幅率に加えて、もう1つ重要な量があります。それは $g_m$(ジーエム) です。ジーエムと言っても、車の会社のことではありません。図5-9のエミッタとベース間の交流の信号電圧を変化させたとき、コレクタの交流電流がどれぐらい変化するかを表す量で**伝達（相互）コンダクタンス**と呼ばれています。記号は$g_m$で表します。

$$g_m = \frac{交流コレクタ電流}{交流ベース電圧}$$

コンダクタンスというと、何か難しい量のように思えるかもしれませんが、電気抵抗（単位：オーム）の逆数で、電流の流れやすさを表します。コンダクタンスを表す一般的な記号は$g$で、単位は S(ジーメンス) です。この$g_m$が大きいほど、増幅性能はよくなります。

遮断周波数$f_t$と$g_m$は、トランジスタの性能を決める重要な量なので、トランジスタの研究開発部隊の日常語になっています。筆者が企業の研究所に勤めていたとき、隣の部署が開発部隊でした。そのころは毎日、「ジーエム」、「エフティー」が筆者の頭上を飛び交っていました。

第5章　世紀の発明　トランジスタ

■電界効果トランジスタ

　トランジスタには、バイポーラトランジスタの他に電界効果トランジスタがあります。ショックレーがアイデアを思いついたとき、すでにリリエンフェルドに特許化されていたのが電界効果トランジスタです。電界効果トランジスタは英語で、Field Effect Transistorと呼ぶので、略してＦＥＴ（エフイーテイー）とも呼ばれます。

　電界効果トランジスタの概念は、実はバイポーラトランジスタよりももっと簡単です。まず、大まかに概念を理解することにしましょう。電界効果トランジスタでは、バイポーラトランジスタのように3つの電極を、エミッタ、ベース、コレクタとは呼ばないで、**ソース、ゲート、ドレイン**と呼びます。これらの2種類の用語の意味は極めて似通っているので簡単に覚えられます。

| バイポーラトランジスタ | 電界効果トランジスタ |
|---|---|
| **エミッタ**（入射） | **ソース**（源） |
| **ベース**（基準、台） | **ゲート**（門） |
| **コレクタ**（集めるところ） | **ドレイン**（引き出すところ） |

　ソースからドレインにキャリアを流しますが、ソースとドレインの間のキャリアが流れるところを**チャンネル**（チャネルともいう）と呼びます。チャンネルは日本語に直すと通路という意味です。電界効果トランジスタでは、ゲートにかける電圧でこのチャンネルの電流を制御します。チャンネルを流れるキャリアは電子かホールのどちらか1種

類なので、ユニポーラ（unipolar）トランジスタとも呼ばれます。ユニは「単」を、ポーラは「極」を表します。

■MOSトランジスタ

ここでは電界効果トランジスタの中でもっとも活躍しているMOS（モス）トランジスタをとりあげましょう。現在、地球上で使われているトランジスタの大多数がMOSトランジスタです。超LSIのDRAM（ディーラム）やSRAM（エスラム）などの半導体メモリーやマイクロプロセッサなどはMOSトランジスタから構成されています。MOSトランジスタは、図5-15のような構造をしています。MOS構造（この後説明します）の中にできるチャンネルの電流を、その伝導方向に垂直な電界

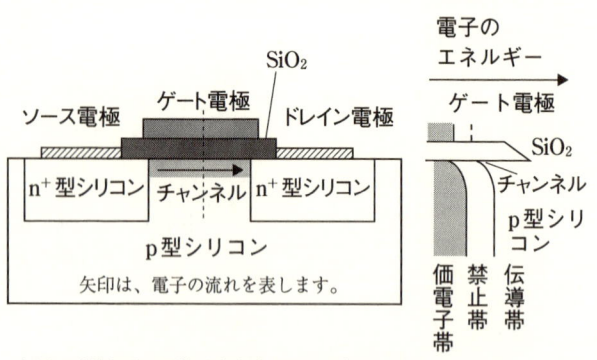

左図の破線部分の電位分布を表したのが右図です。
ゲート電極に電圧をかけると、p型シリコンの電位が曲がり、$SiO_2$に隣接して、電位の溝（チャンネル）ができます。この溝を、ソースの$n^+$シリコンから供給された電子がドレインまで移動します。電圧をかけるのをやめると、溝は消え、ソースからドレインへの電子の流れは止まります。

**図5-15　MOSトランジスタの構造**

第5章 世紀の発明 トランジスタ

(ゲート電界) により制御します。

　左図の破線部分の電位分布を表したのが右図です。ゲート電極に電圧をかけると、p型シリコンの電位が曲がり、$SiO_2$に隣接して、電位の溝(チャンネル)ができます。この溝を、ソースの$n^+$型シリコン(左側)から供給された電子がドレインの$n^+$型シリコン(右側)へ移動します。電圧をかけるのをやめると、溝は消え、ソースからドレインへの電子の流れは止まります。つまり、ゲート直下の電界を操作することによって、チャンネルを流れる電流を制御できるということになります。このオンとオフの間の電界では電流の量もアナログ的に変わるので増幅作用を持たせることができます。

　このように電界効果トランジスタはゲート電極の電界によって、ソースからドレインへのキャリアの通り道(チャンネル)を制御するというもので、基本的な概念は接合型トランジスタよりずっと簡単です。リリエンフェルドが早い時期に思いつき、ショックレーが思いついたのもわかるような気がします。

　　Nチャンネル FET　　　　　Pチャンネル FET

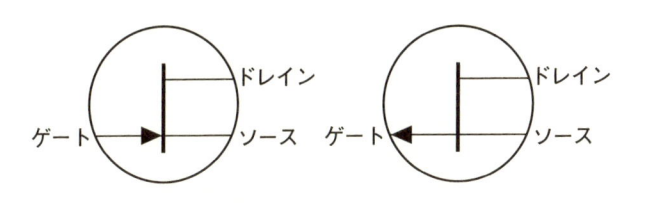

図5-16　FETの記号

電子がチャンネルを走るFETを**Nチャンネル FET**と呼びます。ホールが走るものは、**PチャンネルFET**です。それぞれの電気記号は、図5-16のようなもので接合型トランジスタとは少し異なっています。

### ■MOS構造

このMOS構造を見ておきましょう。普通の教科書や参考書ではMOS構造の解説のあとでMOSトランジスタの説明をします。本書はわざと順番を逆にしています。なぜかというと、これが普通の順番だと、「なぜかよくわからないがMOS構造を勉強させられる」→「あまり乗り気がしない」→「MOSトランジスタが現れる」→「MOS構造を理解していないのでMOSトランジスタもよくわからない」というパターンに陥りやすくなるからです。

MOSとは、Metal（金属）-Oxide（酸化物）-Semiconductor（半導体）の略で、最も簡単なものではシリコンの上に絶縁体である$SiO_2$の膜があり、その上に金属の電極がついています。金属電極とシリコンは絶縁体で隔てられているので、金属と半導体間で直流電流は流れません。

この構造のエネルギーバンド図を図5-17に示します。バイアス電圧がないときは図5-17の左図のような形をしています。絶縁体である$SiO_2$の伝導帯の底は高いエネルギーのところにあるので、図のように土手のような形のポテンシャルの壁になります。つまり、この土手を乗り越えられる電子はいないので「$SiO_2$は絶縁体である」わけです。

これに電界をかけていくと、右図のようなバンドの曲がりが生じ、そこには電子の溜まる溝が形成されます。この溝の部分（p型半導体の中に電子が溜まるので反転層と呼ばれます）がチャンネルで、ここを紙面の垂直方向に電気が流れます。電界のかけ方によってチャンネルは現れたり、消えたりするので電流をコントロールできるのです。

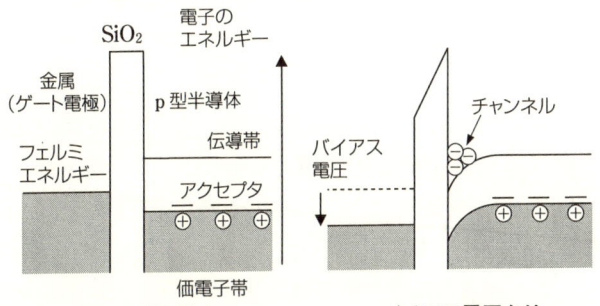

**バイアス電圧なし**　　　　**バイアス電圧あり**

ゲート電極にプラスのバイアス電圧をかけると、半導体の電位が曲がり、$SiO_2$に隣接して、電位の溝ができます。ここに、少数キャリアの電子が溜まります。MOSトランジスタでは、ここがチャンネルになり、ソースの$n^+$シリコンから供給された電子がドレインまで移動します（この図では紙面に垂直な方向に電気が流れます）。ここでは、p型半導体に、マイナス電荷のキャリアが現れるので、反転状態と呼びます。電圧をかけるのをやめると溝は消え、ソースからドレインへの電子の流れは止まります。

**図5-17　MOS構造**　図5-15の破線部分（断面）の電位分布図です。

■MOSトランジスタのスピードを決めるもの

　MOSトランジスタはバイポーラトランジスタに比べて構造が簡単なので集積回路を作りやすいという利点があります。しかし、一般的にはバイポーラトランジスタより応答速度が遅いという欠点があります。

遅い理由は2つあります。1つはゲートのすぐ下のチャンネルの長さがバイポーラトランジスタのベース領域に比べて長いことです。このため、チャンネルをキャリアが走行するのに時間がかかります。もう1つの理由はゲートに電圧をかけて反転状態になっているときを見ればわかります。このとき、反転した半導体側に電子層があるので、これはコンデンサー（キャパシタ）になっています。ゲート電極に電圧をかけたり、切ったりすることはこのコンデンサーを充電したり、放電したりすることを意味します。コンデンサーの充放電には$RC$時定数と呼ばれる時間の定数が関係します。MOSトランジスタでは、静電容量$C$が大きいので$RC$時定数も大きくなります。つまり、充放電に時間がかかります。

　したがって、高速に応答するMOSトランジスタを作るためには、ゲート長を短くすることによってチャンネルの長さを短くすること、ゲートの静電容量を減らして$RC$時定数を短縮する必要があります。この両者については、現在も研究が続けられています。

## ■HEMT

　MOSトランジスタは、シリコンでできたトランジスタですが、化合物半導体であるGaAsやInGaAs（ヒ化インジウムガリウム）などを用いても電界効果トランジスタを作製できます。ただし、化合物半導体では、$SiO_2$のような良好な酸化物の絶縁体が形成できないので、MOS型は現在のところ実現されていません。また、莫大な研究開発費

が投資されているシリコンに比べると化合物半導体のデバイス作製技術は十分には確立されていないなどの弱点があります。

しかし、それでも化合物半導体が電子デバイスに用いられる理由があります。それは、有効質量が小さいので移動度が大きいということです。つまり、シリコンに比べて小さな電圧で大きな電流が流れます。たとえば、GaAsの電子の有効質量は真空中の電子の質量の6.7%でシリコンよりずっと小さな値です。

この化合物半導体のトランジスタに大きな進歩をもたらしたのが、高電子移動度トランジスタHEMT(ヘムト)(High Electron Mobility Transistor)です。HEMTでは、図5-18のようにnドープしたAlGaAs(ヒ化アルミニウムガリウム)層と、何もドープしていない高純度のGaAs層の境界にできるチャンネルを利用します。この構造の特徴は、チャンネルが不純物のないGaAs層内にあることで、このため不純物によるキャリアの散乱を劇的に減らしています。

たとえば、MOSトランジスタでは図5-17のようにイオン化したアクセプタ原子があるので、チャンネルを走る電子は、アクセプタ原子のクーロン力によって進行方向が曲げられたり跳ね返されたりします。

HEMTでは、このアクセプタ原子(不純物)がないので、移動度が高くノイズの少ないトランジスタになっています。この特徴を活かして、HEMTは現在衛星放送のアンテナの中のアンプ(増幅器)や、天文台の電波望遠鏡のアンプとして活躍しています。

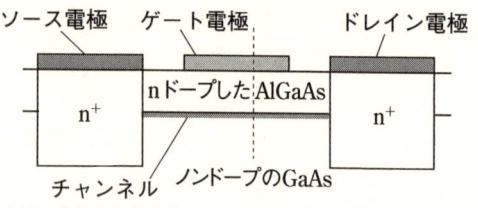

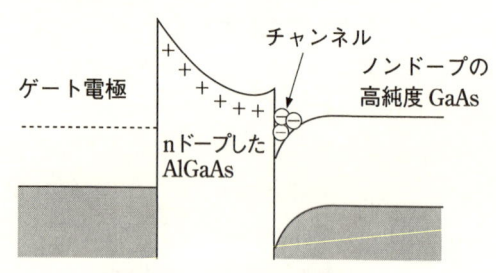

ソース電極　ゲート電極　　　　ドレイン電極

nドープしたAlGaAs

$n^+$　　　　　　　　　　　　　$n^+$

チャンネル　　ノンドープのGaAs

上図の破線部分（断面）のエネルギーバンド図が、下図です。

ゲート電極

チャンネル

ノンドープの
高純度GaAs

nドープした
AlGaAs

図5-18　HEMTの構造


■集積回路

　トランジスタを半導体の中に作り込む際には、ドナーやアクセプタを拡散させてn型やp型にしたり電極を作ったりします。この手法を使って1枚の半導体のウェハーの上に複数個のトランジスタを作りこむことができます。1枚のウェハーやチップ上に抵抗やコンデンサーも作り込んでしまえば、回路そのものを半導体チップ上に作製できるのではないかと思いついた研究者が2人いました。インテル社の創業者の1人であるノイスと、テキサスインスツルメンツ社の研究者キルビーです。

　キルビーの特許は図5-19のようにシリコンの1枚のウェ

第5章 世紀の発明 トランジスタ

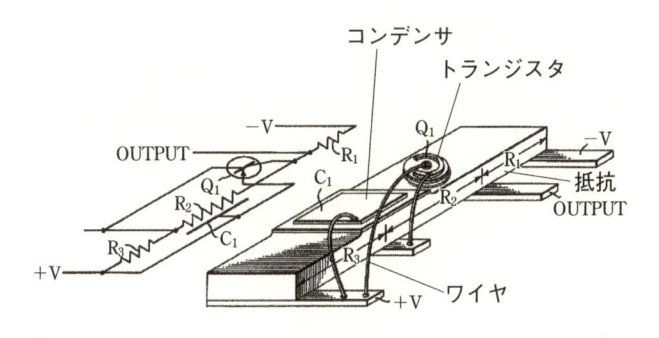

左が回路図を表しています。電子デバイスの間は、ワイヤによって
つながれています。

**図5-19 キルビーの集積回路の特許**
(Us Patent 3138743, 1959年2月申請)

ハーにトランジスタや抵抗、コンデンサーを作るというもので、でき上がったそれぞれの部品の間をワイヤーでつなぐというものでした。1枚のウェハー上に複数の部品を作りこめるという点が重要なポイントでそれまでの別々の部品を回路基板上でハンダづけするよりはかなり小さくできます。しかし、ワイヤーの直径は0.1mm程度で、それほど小さくはできないし、部品間をつなぐのは手間がかかります。

ノイスはシリコンチップにトランジスタを作りこむ提案に加えて配線部分はワイヤーではなく、金属（アルミニウム）を蒸着して回路を作る方法を提案しました。

キルビーの特許の方が早い時期に提案されていますが、構造は簡単です。一方、ノイスの特許の方が時期は遅いのですが、ICとしての完成度は高いというわけです。この2

つの特許に関してはテキサスインスツルメンツ社とフェアチャイルド社の間で争いが起こりました。特許訴訟にはテキサスインスツルメンツ社が勝ちましたが、両者はICに関するクロスライセンスを結びました。クロスライセンスとは、お互いの関連する特許を相互に利用する契約のことです。

集積回路では、例えば1つの増幅器そのものを1つのチップ上に作製できるので様々な電子機器を小型化できます。また、トランジスタそのものも小さくなるので省電力化もはかられました。現在では、携帯電話でテレビが見られるようになりましたが、これはテレビの回路そのものが1個の小さな半導体チップに代わってしまっていることを意味します。

コンピューターの世界でも集積回路は大活躍しています。CPUやメモリーの集積度はどんどん向上しています。最新のCPUでは、1個のチップに1億個以上のトランジスタが載っています。

他にデジタルカメラの目であるCCDやCMOSなどの半導体デバイスもまだまだ集積度をあげています。デジカメの画素数も、100万画素や300万画素から1000万画素のものまでできています。

半導体の中のメモリーの集積度の向上については1980年ごろまではアメリカが優位に立っていましたが、80年代半ばには日本がリードし最先端に立ちました。しかし、90年代初頭のバブル経済の崩壊により日本企業の競争力は落ち、韓国や台湾などのメーカーが新たなライバルとし

第5章 世紀の発明 トランジスタ

て登場しています。また、アメリカやドイツの企業も復活していて、お互いにしのぎを削っています。半導体デバイスは現在、集積度やスピードにおいて毎年著しく性能を向上させています。ムーアの法則は代表的な例です。他の産業分野でこれだけ著しく性能が向上している分野はありません。半導体デバイスは大きな期待とそれにこたえる未来が待っていると言えます。

ノイスはインテル社の創業者の1人でありビジネスの世界でも名を広めました。キルビーは2000年のノーベル物理学賞を受賞しましたが、そのときノイスはすでにこの世を去っていました。もし生きていたら、彼にも受賞の可能性があったでしょう。ノーベル賞財団が発表したキルビーのノーベル賞授賞理由には、「for his part in the invention of the integrated circuit」と書かれています。直訳すると、「集積回路の発明における"彼の役割"のゆえに」という限定した内容になっています。また、ノーベル賞の広

**写真5-2 集積回路の一例 ダイナミックラム**
写真提供／エルピーダメモリ(株)

報資料にも、ノイスの貢献が書かれています。集積回路の発明がキルビーだけのものでないことを意味しています。

さてこれで、電気を流す半導体デバイスのうち、ダイオードとトランジスタという極めて重要なデバイスを理解しました。読者の皆さんの半導体デバイスに関する視界は急激に広がったことでしょう。

次章では、半導体デバイスが活躍しているもう1つの世界、光の世界に入ることにしましょう。

---

### リソグラフィ

レジストと呼ばれる感光材料に、露光装置を使って紫外線を照射して回路を書き、エッチング（化学反応による腐食）で回路を作る技術をリソグラフィと呼びます。英語で書くと、lithographyです。litho-は、もともとはギリシア語で、石を表します。リソグラフィとは、石版印刷を表す言葉でした。日本では、江戸時代の印刷には、木版が使われていました。木の板に、字を彫り込んで、版下を作り、それを基に多数の紙を印刷しました。石版印刷とは、木の板の代わりに、石の板を使います。半導体も石と考えれば、現代のリソグラフィは昔の石版印刷に似ています。ただし、版下は、石の板ではなく、ガラス板に金属を蒸着して作ったマスクです。

余談ですが、絵画の技法に「リトグラフ」という手法があり、英語では同じlithographyです。こちらは、18世紀の終わり頃に考案された一種の石版印刷術で、油と水の反発を利用して印刷する手法です。

第6章

光の世界へ

## ■発光デバイスと受光デバイス

　半導体デバイスとしてダイオードやトランジスタは大活躍しています。これらは電流を制御するデバイスですが、これらに加えて光を出したり、受けたりするデバイス（発光デバイスや受光デバイス）が大活躍しています。受光デバイスは、光を電気に変え（これを**光電変換**と呼びます）、発光デバイスは、電気を光に変えます（これを**電光変換**と呼びます）。この章では、これらの光のデバイスを見てみましょう。光デバイスの主なものを上げてみます。

　　フォトダイオード
　　発光ダイオード
　　半導体レーザー
　　CCD（電荷結合素子）

やみくもに並べられてもなんのことかわからないというのが読者の皆さんの感想だと思いますが、この章を読み終わるころにはその中身がわかっていることでしょう。

　これらの光デバイスの需要も年々大きくなっています。たとえば、発光ダイオードは携帯電話のボタンを光らせたり、液晶画面の裏側でバックライトの光源として働いたりしています。渋谷や新宿の巨大なカラーディスプレイを光らせているのも発光ダイオードです。半導体レーザーは身近なところではDVDプレーヤーやCDプレーヤーでディスクの情報を読み出すのに使われています。また、人目につかないところでは光通信の主要な光源として活躍しています。

## 第6章 光の世界へ

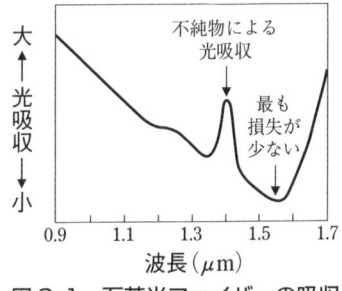

**図6-1 石英光ファイバーの吸収特性の例**
(グラフ: 横軸 波長(μm) 0.9〜1.7、縦軸 光吸収 大↔小。「不純物による光吸収」のピークが1.4μm付近、「最も損失が少ない」のが1.55μm付近)

光通信は現在の情報通信を支える最も重要な分野の1つです。NTTや各種の電話会社の通信網は光ファイバーでつながれており、その光ファイバーを伝わる光信号の光源として半導体レーザーが使われています。光ファイバーを伝わる光の信号は光があるときが1で、無いときが0です。

この1と0の情報をたくさん載せられるほど情報量が多いことを意味します。1秒間に$10^9$個の情報を載せられるとき、これを1Gbit(bit:ビット)と表現します。この光通信の容量は数年ごとに更新されていて光通信の開発メーカーはその開発に躍起になっています。

この光ファイバーに使われる光の波長は主に1.55μmと1.3μmで、人間の目には見えない赤外光です。どうしてこのような波長が使われているかというと、光ファイバー中でこれらの波長の光が最も遠くへ届くからです(図6-1)。他の波長だと光の損失が大きいために途中で何回も光を中継する必要が生じます。

光ファイバーの中に不純物が混じっていると、図6-1の波長1.4μmのピークのように余分な光吸収が生じます。光ファイバー開発の歴史では、波長1.3μmで光吸収の少ない光ファイバーがまず開発されて、光通信が普及し始め

ました。その後、改良されて1.55μm付近で最も損失が少ない光ファイバーが開発されました。現在では、波長1.4μmあたりの不純物吸収がない光ファイバーも開発されています。

■光る半導体と光らない半導体

　半導体には、発光デバイスに使える半導体と、使えない半導体があります。第1章で触れたように代表的な半導体であるシリコンは、実は発光デバイスに使えないのです。

　シリコン中の電子のエネルギー$E$と運動量$p$の関係を見てみましょう。GaAsとは違って、図6-2のように伝導帯の底は運動量ゼロのところ（この $p=0$ の線上をΓ点と呼びます）と一致しないのです。通常、伝導帯の電子はいちばんエネルギーの低いところ（図の下の方）に集まって

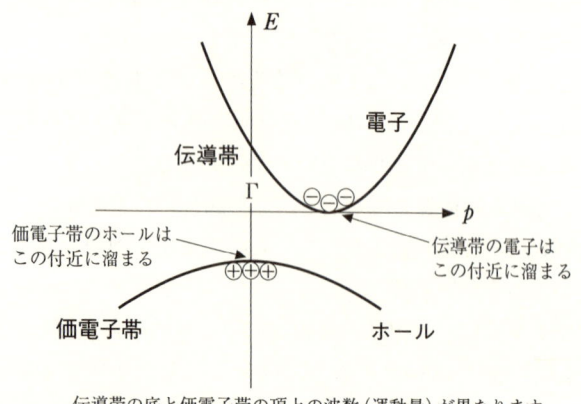

価電子帯のホールはこの付近に溜まる

伝導帯の電子はこの付近に溜まる

伝導帯の底と価電子帯の頂上の波数(運動量)が異なります。

**図6-2　Siの模式的なバンド構造**

きます。これは水が低いところに流れるのと同じです。ホールもいちばんエネルギーの低いところ（図の上の方）へ集まるという点では同じです。

半導体での発光は、伝導帯にいる電子が価電子帯に落ちる際に起こります。このとき、エネルギーの保存則と運動量の保存則の両方を満たす必要があります。

この両方の保存則を考える際には、光の運動量とエネルギーの関係を知っておく必要があります。光のエネルギーと運動量は、量子力学によると

$$E = プランク定数 \times 振動数$$
$$= h\nu$$
$$= \frac{hc}{\lambda}$$
$$p = \frac{プランク定数}{2\pi} \times 波数\left(\frac{2\pi}{\lambda}\right)$$
$$= \hbar k \quad (\hbar：エイチバー)$$
$$= \frac{h}{\lambda}$$

と書けます。この2つの式をまとめると、この両者には

$$E = cp$$

の関係が成り立ちます。ここで$c$は光速です。したがって、運動量とエネルギーは比例関係にあり、図6-3の右図のようになります。

電子が伝導帯から価電子帯に落ちる際には、エネルギー

保存則と運動量保存則が成り立つので、失ったエネルギーと運動量は、光のエネルギーと運動量に変化します。電子の$E$と$p$の関係と同じスケールで光の$E$と$p$の関係をグラフに書くと、実はこの図よりももっと垂直に近い線になります（この図では傾きをわざとゆるく書いています）。したがって、電子の遷移（異なるエネルギーバンドに移動すること）はグラフではほぼ垂直な線で表されます。

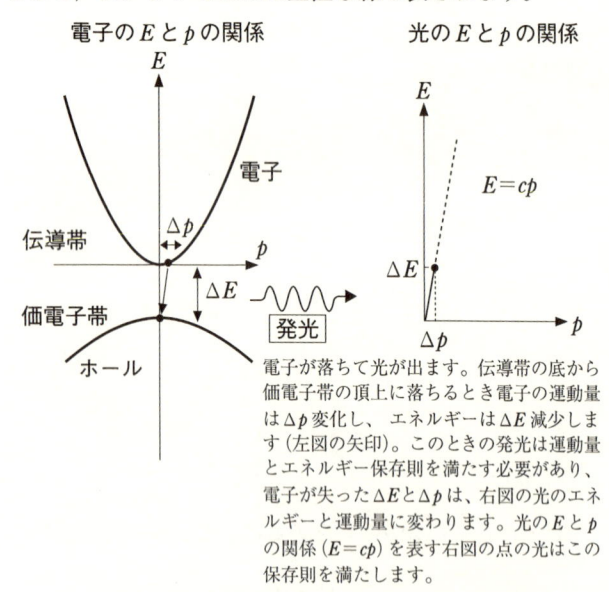

電子が落ちて光が出ます。伝導帯の底から価電子帯の頂上に落ちるとき電子の運動量は$\Delta p$変化し、エネルギーは$\Delta E$減少します（左図の矢印）。このときの発光は運動量とエネルギー保存則を満たす必要があり、電子が失った$\Delta E$と$\Delta p$は、右図の光のエネルギーと運動量に変わります。光の$E$と$p$の関係（$E=cp$）を表す右図の点の光はこの保存則を満たします。

**図6-3　GaAsの模式的なバンド構造と光の関係**

GaAsなどの化合物半導体では図6-3のように伝導帯の底と価電子帯の頂上が同じ場所（Γ点）にあるのでこれらの保存則を満たす遷移が可能です。電子は伝導帯の底から価電子帯頂上へ直接移動できるので**直接遷移型半導体**と呼

第6章　光の世界へ

ばれます。

　ところがシリコンでは、伝導帯の底から価電子帯頂上への遷移で運動量の違いが大きいため、この条件を満たす光が存在しません。したがって、**シリコンは光らない**ということになります。シリコンはトランジスタには使われていますが、発光ダイオードやレーザーのような発光する素子の材料としては使えないのです。伝導帯の底と価電子帯頂上との間の電子の遷移には格子振動（結晶では、原子が格子状に並んでいますが、その原子の振動のことで、端的に言うと"熱"です）などの別の物理現象の助けを必要とするので、**間接遷移型半導体**と呼ばれています。

電子の$E$と$p$の関係　　　　光の$E$と$p$の関係

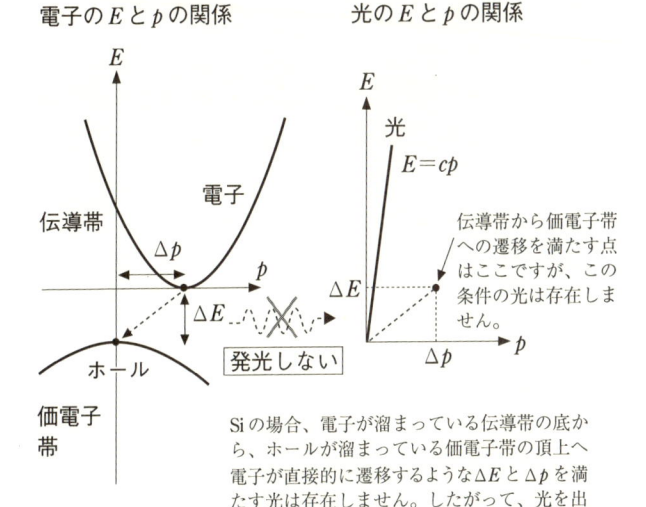

Siの場合、電子が溜まっている伝導帯の底から、ホールが溜まっている価電子帯の頂上へ電子が直接的に遷移するような$\Delta E$と$\Delta p$を満たす光は存在しません。したがって、光を出して伝導帯の底から価電子帯の頂上へ遷移できないのです。

図6-4　Siの模式的なバンド構造と光の関係

読者の皆さんが持っている携帯電話が光るのは発光ダイオードと呼ばれる発光する素子が光っているからですが、その発光ダイオードの中にはⅢ-Ⅴ族の化合物半導体が使われています。

注：Γ点は、図6-2では$y$軸に対応します。グラフでは"線"なのに、どうして"点"と呼ぶかというと、Γ点は空間的な$x, y, z$方向すべての運動量、$p_x, p_y, p_z$がゼロとなる点（$p_x = p_y = p_z = 0$）なので、"点"と表現されます。このような運動量の$x, y, z$軸からなる座標を運動量空間と呼びます。運動量空間の原点がΓ点です。

### ■光の吸収はどうか

直接遷移型半導体は光り、間接遷移型半導体は光らないという関係を理解しました。では、光の吸収はどうなるのでしょうか。

実は、光の吸収も基本的な関係は発光の場合と同じです。直接遷移型半導体は価電子帯の頂上から伝導帯の底へ電子を遷移させる光が存在するので、バンドギャップのエネルギーで光吸収が起こります。

一方、間接遷移型半導体であるSiではどうでしょうか。Siでもエネルギー保存則と運動量保存則を満たすほぼ垂直な遷移の光吸収（図6-5のA→B）は可能です。おもしろいのは、直接遷移による光吸収が存在しないはずのバンドギャップ（伝導帯の底と価電子帯の頂上との間のエネルギー差：1.1eV）と同じエネルギーでも、実験をしてみ

第6章 光の世界へ

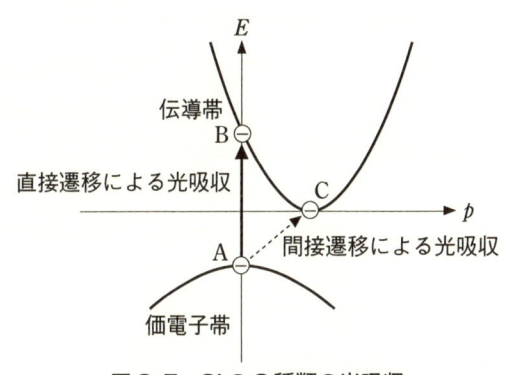

**図6-5 Siの2種類の光吸収**

ると弱い光吸収が起こることです。もちろん、Siではこの2つを直接つなぐ光（A→C）は存在しないので、格子振動などの別の物理現象がからんだ間接的な遷移が起こるものと考えられています。

この間接遷移の光吸収は、直接遷移に比べて効率が悪いのですが、受光デバイスの用途によってはこの間接遷移の光吸収も利用されています。

注：ちなみに、運動量保存則を満たすB→Aの発光は可能ですが、図6-2のように伝導帯の電子は通常Bに存在せず、もっとエネルギーの低い伝導帯の底Cに溜まっています。したがって、B→Aの発光に寄与する電子がBにいないので発光しないのです。

■フォトダイオード

受光デバイスの代表は、フォトダイオードです。フォト

ダイオードの一例を図6-6に示します。このフォトダイオードは、pn接合の間に、真性半導体を挟んだ構造になっています。真性半導体とは、第1章で説明したドーピングしていない半導体のことで、英語では「真性」をintrinsicというので、このiをとって、pin型と呼びます。「ピンフォトダイオード」と聞いて、ピンのような細い形のフォトダイオードを想像する方もいるかもしれませんが、このpinは半導体の性質を表すのであって、フォトダイオードの形を表すものではありません。

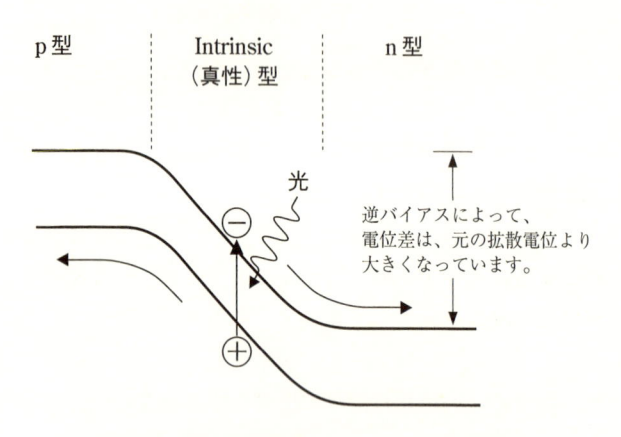

| p型 | Intrinsic<br>(真性)型 | n型 |

逆バイアスによって、電位差は、元の拡散電位より大きくなっています。

光が入ると、真性半導体領域で電子・正孔対が発生します。この電子と正孔は逆バイアスによる電界によって流れ、電流が発生します。

**図6-6　pin型フォトダイオードのバンド構造**

　フォトダイオードは、通常のダイオードとは違って逆バイアスの電圧で使います。逆バイアスなので、p型半導体とn型半導体の間の真性半導体領域には、図6-6のよう

に、元の拡散電位より大きな電界がかかっています。ここにバンドギャップより大きいエネルギーを持つ光が入ると、真性半導体領域で、電子-ホール対が発生します。電子とホールはそれぞれ電界によってn型とp型半導体に流れるので電流が発生します。光が強いほど、多くの電子-ホール対が発生するので、電流も大きくなります。これがフォトダイオードの原理です。

フォトダイオードの製品カタログを見ると、かけることが可能な最大の逆バイアス電圧が載っています。その値を超えて、逆バイアス電圧をかけると壊れてしまいます。

実際のフォトダイオードでは、真性半導体領域以外のp型やn型のところでも、光が入ると電子-ホール対が発生します。しかし、p型やn型の領域で発生した電子やホールは電界がほとんどないので、すぐには流れてくれません。したがって、応答の速いフォトダイオードにするためには、真性半導体領域でほとんどの電子-ホール対が発生する方が望ましいということになります。そこで、実際の構造は図6-7のように、表面側のp型(あるいはn型)の領域を薄くして、表面から入った光の多くが真性半導体領域で吸収されるような構造にします。

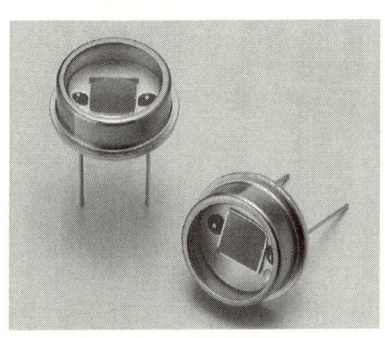

**写真6-1　Si pin型フォトダイオード**
写真提供／浜松ホトニクス(株)

フォトダイオードは身近なところで大活躍しています。たとえば、みなさんが日頃よく使っているテレビのリモコンの信号を受けているのは、テレビ本体に埋め込まれたフォトダイオードです。リモコンの光は赤外線なので、目には見えませんが、フォトダイオードがその赤外線を受けて信号に換えているわけです。

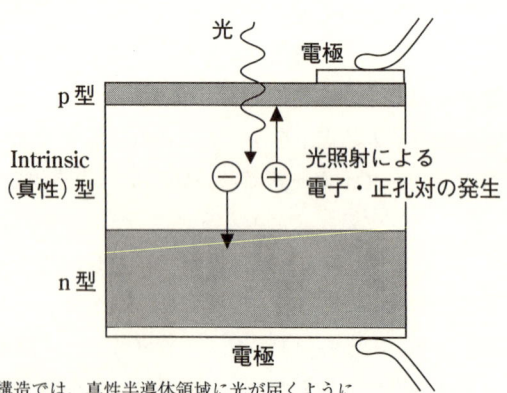

この構造では、真性半導体領域に光が届くように、表面側のp型半導体の層は薄くしてあります。

**図6-7　pin型フォトダイオードの構造図**

フォトダイオードとしてもっともよく使われているシリコンのバンドギャップエネルギー（1.1eV）は、光の波長1.1μmに相当するので、人間の目に見えない0.7μmより長い波長の光でも「フォトダイオードの目」では見ることができます。

テレビ等のリモコンが赤外線の発光ダイオードを使っていることを確かめるのは簡単です。リモコンのほかに用意するものは、デジカメです。携帯電話のカメラでも多くの

場合間に合います。デジカメのスイッチを入れて液晶画面で、リモコン頭部を見ます。次にリモコンの適当なボタンを押すと、リモコンの発光ダイオードが光るのが見えるはずです。見えないときはリモコンかカメラを別のものに換えてみてください。デジカメの目にはCCDとかCMOSと呼ばれる半導体の素子が使われていますが、これらもシリコンを使っています。

テレビのリモコンのチャンネルボタンを押して、デジカメで撮影した例。肉眼では見えない発光ダイオードの発光が写ります。

**写真6-2　発光ダイオードの赤外発光**

■発光デバイス

　発光デバイスの代表は、発光ダイオードと半導体レーザーです。発光デバイスを作るためには本章で説明した「光る半導体」を使う必要があります。シリコンは受光素子には使えますが、発光素子には使えません。したがって、Ⅲ-Ⅴ族化合物半導体が活躍する世界です。

　発光デバイスのもっとも重要な部分は、電気を光に変えるところで、これを**活性層**と呼びます。初期の発光ダイオードの活性層にはpn接合が使われました。

pn接合に順方向バイアスをかけると、n型半導体から電子を流し込むことができ、p型半導体からホールを流し込めます。空乏層で電子とホールが出会うと、電子は価電子帯のホールのエネルギーに落ちてホールは消滅します。このとき発光が起こります。これが発光ダイオードの原理です。

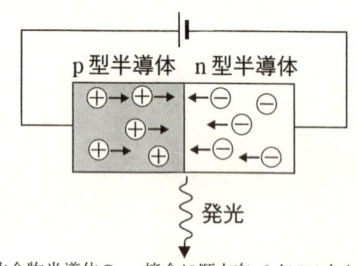

化合物半導体のpn接合に順方向バイアスをかけると、n側から電子が、また、p側からホールが供給されます。

電子とホールが出会う空乏層で、再結合による発光が起こります。

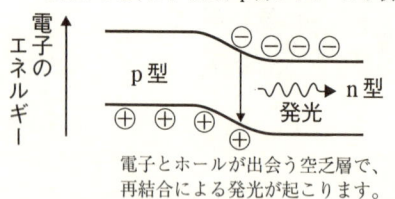

**図6-8　発光ダイオードの原理**

■活性層の改良

　単純なpn接合では発光の効率はあまりよくありません。再結合しないでn型からp型へ流れてしまう電子や、同じく再結合しないでp型からn型へ流れてしまうホールがあるからです。第4章のpn接合のところで学んだよう

第6章　光の世界へ

に、これを少数キャリアの注入と呼びます。これらのキャリアは発光には寄与しないので、発光デバイスとしてpn接合を使う際には無駄になってしまいます。

では、pn接合の空乏層の幅を広くすればよいかというと話は簡単ではありません。幅を広くすると、n型半導体から流れ込む電子と、p型半導体から流れ込むホールが出会う確率が低くなります。たとえば、東京駅で誰かと待ち合わせる場合を考えましょう。「東京駅で7時に会いましょう」と言うより、「東京駅の銀の鈴で、7時に待ち合わせましょう」と狭い範囲に限定した方が会える確率は高まります。ただ「東京駅に7時に集合」だと、広い東京駅を探し回らなくてはならないので見つけるのに時間がかかるでしょう。

これらの欠点を克服するために考案されたのが、バンド構造に落とし穴を作る方法です。図6-9の下図のようにpn接合の部分に落とし穴をほるのです。この図では、電子にとっては下側がエネルギーが低く、ホールにとっては上側がエネルギーが低くなっています。図の右から左に流れる電子は穴に落ち込み、左から右に流れるホールも穴に落ち込みます。空間的には同じ場所に電子とホールが落ち込むわけですから、ここで電子と

**写真6-3　半導体レーザー**
写真提供／浜松ホトニクス(株)

215

ホールの再結合が起こりやすくなります。落とし穴の幅は、空乏層の幅より当然狭くします。電子とホールは、エネルギーの低いこの落とし穴に落ちるので、空乏層を越えて流れてしまう電流も大幅に減少します。

**通常のpn接合**
空乏層の広い範囲で再結合が起こります。また、一部のキャリアは空乏層を通り越して流れる（リーク電流または漏れ電流と呼ぶ）ので、効率が悪いという欠点があります。

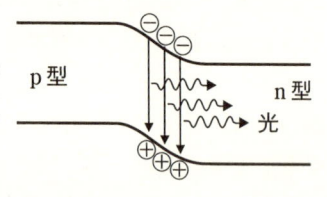

**ダブルヘテロ構造**
pn接合の中に、図のようなポテンシャルの井戸を掘ると、電子とホールは井戸の中に落ちるので、空間的に狭い範囲で効率的に電子とホールが出会うことができます。また、ほとんどのキャリアは井戸に落ちリーク電流が減るので、効率が良くなります。

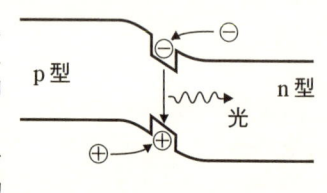

図6-9　バンド構造に落とし穴を作る

これは大変よい案ですが作るのは簡単ではありません。というのは、この穴のところだけバンドギャップの小さい異種の半導体を使う必要があるからです。この異種の半導体を挟み込んだ構造を作るには後で説明するMBEやMOCVDと呼ばれる結晶成長技術が必要となります。

落とし穴の境目のところは異種の半導体が接した構造になりますが、これを**ヘテロ接合**とか**ヘテロ界面**と呼びます。ヘテロとは、「異種の」という意味です。落とし穴を

作るためには、左右の2つ（ダブル）のヘテロ接合が必要になるのでこれを**ダブルヘテロ**（Double Hetero）**構造**と呼びます。発光デバイスのカタログなどでは、略してDHと書いている場合がよくあります。

このダブルヘテロ構造のおかげで発光の効率は10倍以上改善されました。劇的な進歩といってよいでしょう。

## ■レーザーの構造

では次に半導体レーザーの説明に進みましょう。まずは、レーザーの構造から始めましょう。レーザーは20世紀後半の最も重要な発明の1つに上げられています。半導体レーザーと発光ダイオードのいちばん大きな違いは、共振器の有無です。半導体レーザーには共振器がありますが、発光ダイオードにはありません。

共振器というのは、レーザーだけではなく楽器にも使われています。たとえば、バイオリンやギターなどの弦楽器には、弦が振動するところに穴があいた箱が近接して設置されています。この箱が共振器になっています。音楽では、共振ではなく「共鳴」という言葉を使います。音を反響させて響かせる働きです。直感的には、共鳴箱のある普通のギターを半導体レーザーにたとえるなら、箱のない弦だけの楽器が発光ダイオードに相当します。

光の共振器の最も簡単なモデルは、次の図6-10のような、2枚の鏡を向かい合わせた構造です。筆者の行きつけの床屋には、前だけではなくて後ろにも鏡が置かれていて、前の鏡を見ると、後ろの鏡に映った自分の後ろ姿を見

2つの鏡を完全に平行になるように向かい合わせると、この鏡の間に垂直に反射する光は、外に抜け出せなくなります。このとき閉じ込められた光が、お互いに打ち消し合って消えないためには、図のように鏡と鏡の間の距離が光の半波長（1波長の半分）の整数倍でなければなりません。

ただし、鏡の反射率は100%ではないので、反射の度に光は弱くなります。光を出し続けるには、光が通過すると同じ波長の光を発光する特殊な結晶を、発光体として入れておく必要があります。こうすると、光は永遠に2つの鏡の間を行き来するでしょう。

この光を利用するには、鏡の一方を、数パーセントから数十パーセント透過する鏡にします。ただし、出て行く光が多くなるので、これを補うために、発光体をもっと強く発光させる必要があります。この光は、完全に向き合った鏡の間を往復する光なので、外に出てもあまり大きくは広がりません。これを「指向性が高い」と表現します。

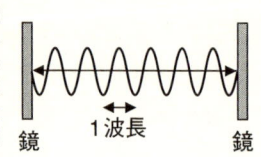

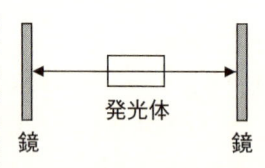

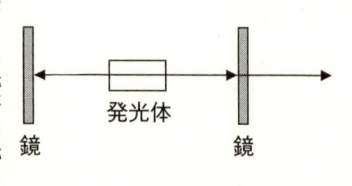

**図6-10　レーザーの原理**

られます。この鏡でおもしろいのは、自分の後ろ姿だけでなく、後ろの鏡に再び前の鏡が映っており、その前の鏡の中にさらに小さな後ろの鏡が映っており、その繰り返しが無限に続くことです。どこまでも鏡の中に鏡が続き、その中に自分の姿を見ることができます。実は、レーザーの共振器も同じ構造をしています。

図6-10のように、2枚の鏡を厳密に平行に向かい合わせ

たとしましょう。このとき鏡と垂直な方向に走る光があったとします。この光は左の鏡に跳ね返って右側に向きを変えます。右側の鏡にぶつかるとまた反射されて左に向きを変えます。鏡の反射率が100％だったとすると、この光は2つの鏡の間を永遠に往復して尽きることがありません。つまり、光は完全にこの2枚の鏡の間に閉じ込められてしまうわけです。床屋の鏡でどこまでも続く鏡の列をながめることができたのは、その永遠に続く鏡の反射をながめているからです。ただし、床屋の鏡の反射率は80％ぐらいなので、何回も反射すると光が弱まってきます。奥の方に見える小さな鏡が暗く見えるのはそのせいです。

ちなみに、西洋の言い伝えでは、2枚の鏡を向かい合わせておくと、しばらくして1枚の鏡の奥底から1匹の悪魔が駆け出してくるそうです。悪魔はその一方の鏡の無限の奥から駆け出してきて、やがてもう一方の鏡へと私たちの目の前で飛び移るそうで、運がよければその瞬間に悪魔を捕まえることができるそうです。捕まえた悪魔はどんな願いごともかなえてくれると言われています。

さて、この2枚の鏡の間に光を永遠に閉じ込めるには条件がつきます。2枚の鏡の間には、右に向かって走る光と左へ向かって走る光があります。これらの光の重ね合わせで全体の光が決まります。これらを足し合わせると、ある条件のとき以外では、光と光が打ち消しあって消えてしまうことになります。その条件は、2枚の鏡の間の距離$L$が光の波長$\lambda$の半分の長さ（半波長）の整数倍になっていることです。式で書くと次のようになります。

$$L = n \times \frac{\lambda}{2} \quad (n \text{ は正の整数})$$

　つまり、図6-10の上図のようになっている条件のときだけ、お互いの波が打ち消し合わずに響き合うということになります。これは、先ほど述べたギターの共鳴や、中学とか高校で習った音叉が響く条件と同じで定在波を表しています。音の半波長の整数倍が音叉の右と左の金属板の距離でなければならないという条件と同じで**共振**の条件です。

## ■誘導放出

　光を2つの鏡の間に閉じ込められることがわかりました。ただし、鏡の反射率は100％ではないので、反射のたびに光はどんどん弱くなってしまいます。ギターをポローンと鳴らすと、その音はほんのしばらくは響きますが、やがて消えてしまうのと同じです。ギターの音を響き続けさせるためには、続けて弦をかき鳴らす必要があります。2つの鏡の間に光を閉じ込めるためには、光を出す発光体が鏡の間に必要ですが、その発光体は、反射で弱った光を補いながら光り続ける必要があります。そうすれば、2つの鏡の間に光は存在し続けることになるでしょう。

　この発光体について考えてみましょう。発光体から出た光は、鏡で反射されるとそのまま戻ってきて発光体の中を通過しますが、このとき光が吸収されたり、散乱されたりして弱まってしまうようでは困ります。光が弱ってしまう

のでは、すぐにレーザーの共振はストップしてしまうでしょう。光を吸収する材料ではいけないのです。たとえば、ガラスは人間の目で見える光の波長領域で透明ですが、そのほかの木や金属は光を通しません。木や金属は光を吸収するか反射しているのです。一方、ガラスは本当に透明かというと実はガラスにも光の散乱や吸収はわずかにあるのです。では、どうすればよいのでしょうか。

　ここで、物理的におもしろい**誘導放出**という現象を用います。誘導放出は、アインシュタイン（1879〜1955）が1917年に理論的に導いた発光現象です。発光は、既に述べたように電子がエネルギーを失う場合に起こります。図6-11の上図のようにエネルギーの高い場所と低い場所があったとしましょう。すると、光が出るのは、エネルギーの高い場所から低い場所に電子が落ちるときです。逆に電子が低いエネルギーから高いエネルギーに移るためには、このエネルギー差と同じエネルギーをもらう必要があります。

　上のエネルギーの場所に電子が集まった構造ができたとすると、ここに2つのエネルギー差と同じ波長の光を照射すると、その光に誘われて電子が上から下に落ち、そのとき光を出すというおもしろい現象が起こります。これが誘導放出です。

　普通自然界では、エネルギーが低い方に電子が集まりやすいという性質があります。水が低いところへ流れるのと似ています。したがって、発光させ続けるためには上のエネルギーに電子を上げてやる必要があります。これはあたか

電子がエネルギーの高いところから低いところへ落ちるとき発光します。

連続的に発光を起こすためには、電子をエネルギーの高いところへ押し上げ続ける必要があります。これを、ポンピングと言います。

この2つのエネルギーの差と同じエネルギーをもつ光が入ると、これに誘われて上にいる電子が落ちて発光します。これを誘導放出と呼びます。

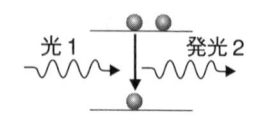

図6-11　ポンピングと誘導放出

もポンプで水を下から上へ汲み上げるのと同じなので、**ポンピング**と呼ばれます。もし、連続的に電子を上へ汲み上げることができれば、発光体は光り続けることが可能になるのです。

この電子を人工的に上にあげる方法は2種類あります。1つは光を使う方法で、光を照射して下のエネルギーの電子を上にあげてやることができます。この場合、発光のエネルギーより高いところに電子を上げてやるのが普通です。したがって、図6-11の中図のように3つ目のエネルギーの場所を使います。この3つ目の場所から落ちてくる電子を利用します。世界で最初のレーザーはアメリカのメイマン（1927～2007）によって作られました。メイマンは、ル

ビーを発光体として使いました。ルビーの結晶の中の3つの異なるエネルギーを利用したのです。

　もう1つの電子を上げる方法は、半導体のpn接合を使う方法です。こちらが半導体レーザーに使われている方法です。pn接合では図6-9のように、n型の伝導帯から電子が供給され、p型の価電子帯からはホール（空の電子準位）が供給されるので、空乏層では上の準位（＝伝導帯）の電子が多くなっています。この方式では、光でポンピングするのではなく、電気を流すだけで発光させられます。したがって、レーザーそのものもはるかに小さなものにできます。DVDやCD、それにレーザーポインタなどに使われているレーザーの中身はこの半導体を使ったレーザーです。

　さて、この発光体を先ほどの鏡と鏡の間に入れて、ポンピングします。すると最初は、上のエネルギーのところにいた電子のいくつかが下に落ちて、普通の発光をします。その光はどちらかの鏡にあたって発光体に帰ってきます。発光体に光が入ると誘導放出が起こってさらに強い光が出ます。この光はまた鏡にあたって戻ってきてまた誘導放出が起こります。これがレーザーの原理です。外から発光体へのポンピングを続ける限り、この発光は続きます。光が通過すると、誘導放出によって光が強くなるので、この発光体を**利得（ゲイン）媒質**と呼びます。

　このとき右側と左側の鏡を透過する光がゼロであれば、このレーザー光を利用することはできません。そこで、どちらかの鏡の透過率を数％から数十％にして光の一部を透

過させるようにします。この外に取り出されたレーザー光を私たちは利用しています。向かい合った2つの鏡の間を往復する光なので、外に出ても大きくは広がりません。これを「指向性が高い」と表現します。

1969年に月面に着陸したアポロ11号は、月面に反射鏡を設置しました。これに、地球からレーザー光線を照射し、その反射光を使って月との距離が正確に測定できるようになりました。極めて指向性の高いレーザー光を使ったので、地球と月を往復する光がとらえられたのです。

■半導体レーザー

半導体レーザーではダブルヘテロ構造などのpn接合に電気を流して発光させます。このpn接合がゲイン媒質です。共振器は、半導体の両端を割ったり削ったりすることで作ります。半導体結晶を割る手法を劈開（へきかい）と呼びます。劈開とは原子のある面に沿って割ることを意味します。

レーザーに使われる半導体はきれいな結晶構造で作られているので結晶の面に沿って割れやすいという特徴があります。半導体の種類によっては鏡を作りたい面と劈開面が一致しない場合があります。その場合は、化学反応を使って削る方法が使われます。これをエッチングと呼びます。エッチングには溶液を使う場合と、ガスを使う場合がありますが、前者をウェットエッチング、後者をドライエッチングと呼びます。半導体と空気の境界の反射率はおよそ25～30％ほどです。この反射率でレーザー発振が起こり、目的の用途を満たせる場合はこのまま用います。反射

率を上げる必要がある場合は、誘電体多層膜と呼ばれる鏡を蒸着します。

ちなみに屈折率の異なる2つの媒質の界面に垂直に光を入射させたときの反射率$R$は

$$R = \left(\frac{n_1 - n_2}{n_1 + n_2}\right)^2$$

となります。これは電磁気学で導かれる関係ですが

$$\left(\frac{屈折率の引き算}{屈折率の足し算}\right)^2$$

と覚えておくと結構役に立ちます。

屈折率は真空中の屈折率を基準として1と定義されています。屈折率は光（電磁波）と媒質との相互作用によって生じます。空気は酸素や窒素の気体からなり、単位体積あたりの原子や分子の数も少ないので、相互作用は小さく、屈折率はほとんど1とみなして問題ありません。みなさんの身のまわりにあるガラスは1.5くらいです。ダイヤモンドの屈折率は2.4ぐらいで、この高い屈折率がダイヤモンドの魅力の1つとなっています。反射率がガラスよりも高くキラキラ光るというわけです。半導体の屈折率は3ぐらいです。したがって半導体と空気の間の反射率はおおよそ

$$\left(\frac{3-1}{3+1}\right)^2 = \frac{1}{4} = 25\ \%$$

ということになります。もっとも、半導体の屈折率はダイ

ヤモンドより大きいのにキラキラ光っていないじゃないかという疑問を持つ方も多いかもしれません。人間の目に見える光の波長では、ほとんどの半導体は光を吸収します。したがってダイヤモンドのようにキラキラ光らないわけです。

### ■ダブルヘテロ（DH）レーザー開発史

　最初の半導体レーザーはGaAsのpn接合を用いたもので1962年にレーザー発振に成功しました。しかし、液体窒素中という極低温でないと動作せず、また、発振も連続的に光が出るのではなく、断続的にパルス状に光るものでした。冷やさないと使えないというのでは、用途は大きく制限されます。ダブルヘテロ構造を使った半導体レーザーを開発し、室温での連続発振に成功したのは、ソ連（現ロシア）のアルフェロフ（1930～2019）と、日本の林厳雄（1922～2005）、アメリカのパニッシュ（1929～）らでした。アルフェロフはソ連のヨッフェ研究所で、林とパニッシュはアメリカのベル研究所で独立にDHレーザーの開発に成功しました。論文発表は、アルフェロフの方が数ヵ月早く、1970年でした。

　半導体レーザーが室温で光るようになったことは大きな進歩でした。現在では、光通信を始めとして、いたるところで半導体レーザーが活躍しています。人類社会への多大な貢献が認められ、アルフェロフには2000年のノーベル物理学賞が贈られました。1970年代には、西側の研究者の間では、林、パニッシュの論文の方がアルフェロフの論

文より有名で、その後の研究開発に大きな影響を及ぼしました。2001年の日本の京都賞は、この3人に贈られています。

### 量子井戸構造
pn接合の中に、ダブルヘテロ構造よりさらに狭い井戸を掘ったものを量子井戸構造と呼びます。ダブルヘテロ構造が持っている利点に加えて、状態密度がステップ関数となるため、さらに効率の良い発光が得られます。

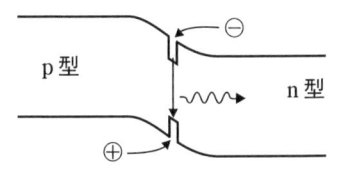

### 多重量子井戸構造
量子井戸が1つだけでは、キャリアがあふれてしまう場合などには、多数の量子井戸を用います。これを多重量子井戸と呼びます。

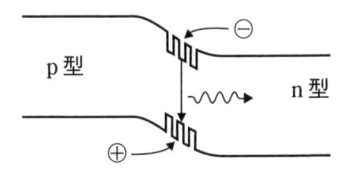

**図6-12　量子井戸レーザーの原理**

ダブルヘテロ構造が、発光ダイオードや半導体レーザーに革命をもたらしましたが、さらに大きな進歩が続きました。それは、**量子井戸構造**の採用です。図6-12のように量子井戸は落とし穴を作るという点では同じですが、その1つの井戸の幅は、10nm（= 0.01μm）と大変狭くなっています。この幅を狭くすることによって、第2章で学んだ「状態密度」の形が変わります。その詳しい物理の内容はすぐ後で見ますが、ここではまず図6-12をご覧下さい。量子井戸は、1個の場合もあれば、その下の図のように多

数個用いる場合もあります。多数個を重ねて使う場合は、**多重量子井戸**と呼びます。英語では、Multiple Quantum Wellsと書き、ＭＱＷ（エムキューダブル）と略します。メーカーのカタログにMQWという単語が出てくれば、活性層に多重量子井戸構造を使った半導体レーザーや発光ダイオードであることがわかります。

### ■量子井戸のメリットとは？

量子井戸では、状態密度の形が変わるといいましたが、これによって、ダブルヘテロ構造よりさらに小さな電流でも効率的に発光が起こるようになります。バルクの状態密度が$\sqrt{E}$に比例することは、第2章で学びました。この状

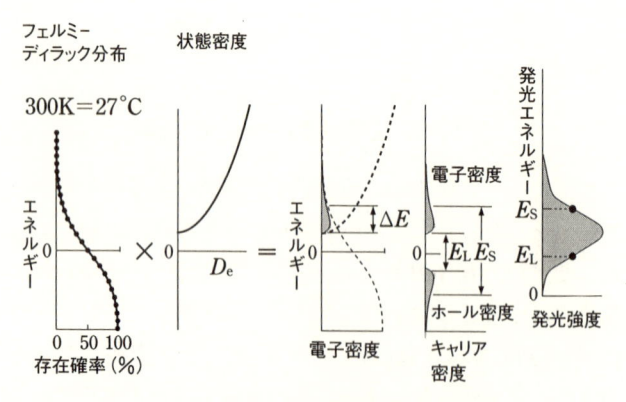

発光スペクトル（右端）のエネルギー幅（$=E_S-E_L$）は、電子とホールのエネルギー分布の幅で決まります。

**図6-13 バルク**

第6章　光の世界へ

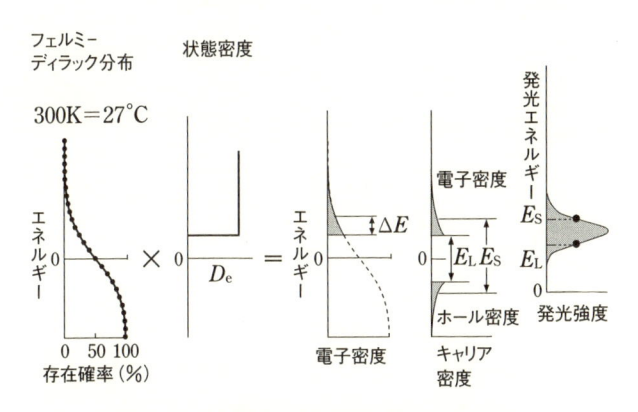

図中ラベル：
- フェルミ-ディラック分布　300K＝27℃　エネルギー　0　50　100　存在確率(％)
- 状態密度　0　$D_e$
- エネルギー　0　$\Delta E$　電子密度
- 電子密度　0　$E_L$　$E_S$　ホール密度　キャリア密度
- 発光エネルギー　$E_S$　$E_L$　発光強度

発光スペクトル（右端）のエネルギー幅（＝$E_S - E_L$）は、電子とホールのエネルギー分布の幅で決まります。

**図6-14　量子井戸**

態密度とフェルミ-ディラック分布のかけ算でキャリアの分布が決まります。このときの発光のスペクトルについて考えると、スペクトルの幅はキャリアのエネルギー分布の幅で決まり、図6-13のような幅になります。

量子井戸では、電子は井戸の中の平面上の面内（2次元）しか移動できないので、状態密度の数え方は、図2-4に対応します。このときの状態密度は図6-14のように階段状の関数（ステップ関数）になるために（付録参照）、この電子とホールのエネルギー分布の幅が小さくなるのです（拡大した比較は図6-15）。このために、発光の半値幅（光の強度がピークの半分の値になったときの幅）も狭くなります。

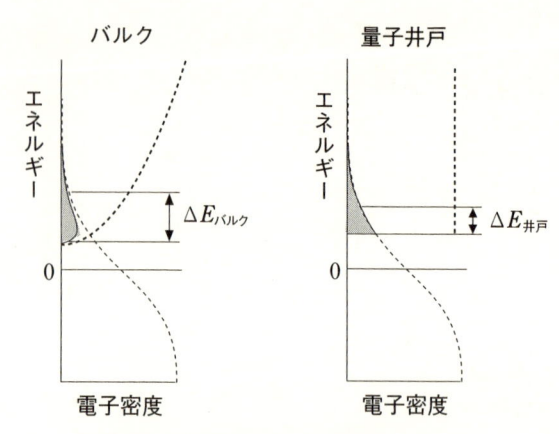

```
        バルク                        量子井戸

エ                              エ
ネ                              ネ
ル                              ル
ギ                              ギ
ー         ↕ ΔEバルク              ー    ↕ ΔE井戸

     0                              0


        電子密度                      電子密度
```

量子井戸では、状態密度がステップ関数になるため、
電子分布のエネルギー幅が狭くなります。

$$\Delta E_{バルク} > \Delta E_{井戸}$$

図6-15 バルクと量子井戸のエネルギー分布の比較

　レーザーでは、発光の半値幅が狭いほど効果的に誘導放出が起こるので、わずかな電流値でレーザー発振が起こります。同じ強さの光が出せるのなら、電流値が小さいほど有利です。このため量子井戸レーザーは広く使われています。会議のプレゼンテーションではレーザーポインタがよく使われていますが、これなどは量子井戸レーザーの実用の身近な例です。飛躍的に効率が上がったので、乾電池でも十分なレーザー発振が得られるようになったことを意味します。量子井戸レーザーは今やDVD、CD、光通信などで縦横無尽の働きをしています。

第6章 光の世界へ

## ■DH構造や量子井戸構造を作製するナノテクノロジー

　この画期的なダブルヘテロ構造や量子井戸構造の作り方はどのようなものでしょうか。このような構造を作るためには、異なる種類の半導体を接合させる技術が必要になります。もし、この技術が十分でなく、接合部分に余分な不純物が入っていたり、結晶の原子がきれいに並んでいなかったりすると、電流を流したときに、そこだけ余計に電流が流れるなどの望ましくないことが起こって、発光デバイスが動作しなかったり、あるいは動いたとしてもすぐに寿命が尽きてしまったりします。したがって、このヘテロ接合で電流がきれいに流れるためには、原子がきれいに並んでいる必要があります。

　チョクラルスキー法のような結晶成長方法では、このような異種の半導体の界面を作るのは不可能でした。この難しい課題を最終的に解決したのが、ここで述べる分子線エピタキシー法（MBE：Molecular Beam Epitaxy）と、有機金属気相成長法（MOCVD：Metal Organic Chemical Vapor Deposition）です。エピタキシーとは、結晶が原子レベルできれいに並んでいることを意味します。

　分子線エピタキシー法（MBE）は、1960年代後半にベル電話研究所のアーサーとチョーによって開発された結晶成長方法です。これは大まかな理解としては、蒸着装置の高性能バージョンだと思っていただけばよいでしょう。ただし、半導体のヘテロ接合を作る場合に溶かして飛ばすのは、In（インジウム）、Ga（ガリウム）やAs（ヒ素）です。これらをるつぼの中に入れて溶かします（図6-16）。

231

すると温度が高い状況では、GaやAsが分子となって飛び出します。それが、半導体のところに到着すると結晶成長が起こって、GaAsやAlGaAsが成長できます。

このとき分子を汚染させることなく半導体の表面に届かせるためには、極めて高い真空度（$10^{-8}$パスカル）が必要です。通常の蒸着装置の100万分の1の真空度が必要なのです。

また、半導体の表面で化学反応を起こして、結晶が成長するので、半導体基板の表面は、化学反応に適切な高温である必要があります。その温度は通常は500℃から600℃ぐらいです。

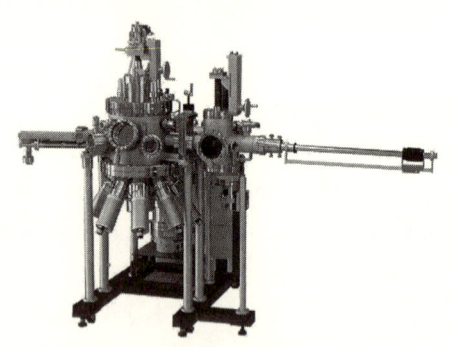

写真6-4　MBE
写真提供／㈱エイコー・エンジニアリング

分子線エピタキシー法で量子井戸を成長させる場合をもっと詳しく見てみましょう。井戸の部分がInGaAsで、そのまわりがGaAsであるとします。まず、InGaAsの井戸が成長している間は、それぞれのるつぼの前にあるシャッターは全部開けておきます。すると、In、Ga、Asのそれ

第6章 光の世界へ

ぞれの分子が真空中を飛んで、ウェハーの表面に到達します。ウェハー表面では、この3つが組み合わさって、InGaAsの結晶が成長します。次に、GaAsを続けて成長させるために、Inのシャッターだけを閉じます。すると、GaとAsの分子だけが飛んで、GaAsが成長します。これに続いて、InGaAsを成長させるためには、再びInのるつぼの前のシャッターを開けます。

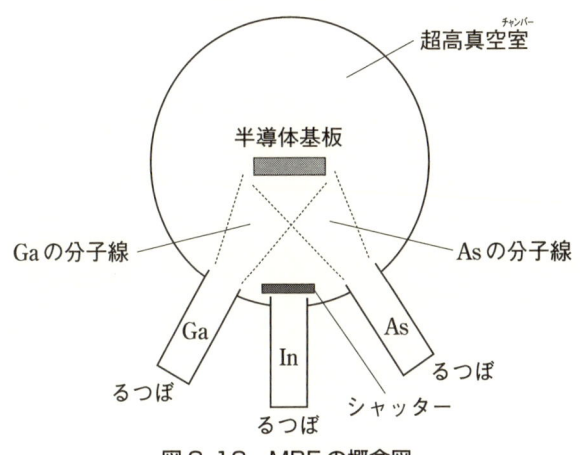

**図6-16 MBEの概念図**

この結晶成長のスピードはそれまでの成長方法にくらべて極めて遅く、$1\mu$mの厚さの結晶が成長するのに通常1時間かかります。もし、この方法で厚さ1mmの結晶を作ろうとすると1000時間（約42日）かかるというわけです。チョクラルスキー法では、1mmの成長に1分程度ですむわけですから、それに比べると、とてつもなく遅いということになります。このMBE法の成長速度が遅いとい

う事実が、逆に高い精度で結晶界面の成長の切り替えが制御できるという長所を生んでいます。

1μm（＝1000nm）の成長に1時間（＝3600秒）かかるということですから、1秒間では、0.3nm成長できるわけです。この0.3nmという数字は、実はある重要な距離に似ています。何でしょう？　それは、結晶の原子間の距離なのです。つまり、1秒間で原子が1層分成長できるわけです。

先ほど、シャッターの話をしましたが、ということはシャッターを1秒以内で開けたり閉めたりすれば、厚さ1原子層の成長の間に、InGaAsからGaAsの成長に切り替えられることを意味します。つまり、MBEでは、1原子層の精度で、結晶の組成を変えられるのです。量子井戸の幅は、10nm程度ですから、成長時間は30秒あまりです。10nmの厚さの量子井戸を成長させる場合には、たとえば、

　　33秒間　GaAsを成長
　　Inるつぼのシャッターを開く
　　33秒間　InGaAsを成長
　　Inるつぼのシャッターを閉じる
　　33秒間　GaAsを成長

という具合に成長させます。

このように、原子層レベルでの高精度な結晶成長が可能なMBEですが、このMBEの研究は日本では一時期、危機を迎えました。1970年代の半ばごろに多くの電機メーカーがアメリカに追随して研究を始めました。しかし、5

第6章 光の世界へ

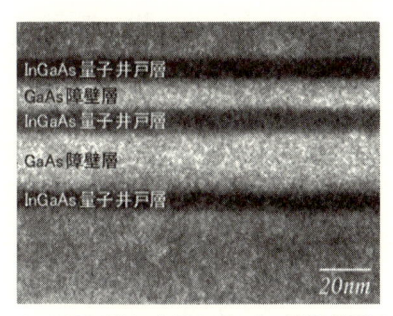

**写真6-5 MBE法によるInGaAs量子井戸の成長例
（電子顕微鏡写真）**
写真提供／電気通信大学 山口浩一博士の御厚意による

年ほど研究を続けた後で、研究を打ち切られそうになりました。それは、そもそも当時の金額でこの結晶成長装置が1億円以上と極めて高額であったこと、また、前述のように結晶成長が極めて遅いこと、高い真空度を維持しなければならないため保守管理が大変なこと、そして何より、この成長法を使わなければならないような半導体デバイスが、当時は存在しなかったためでした。端的に言えば、金と手間がかかる割に、何に使えるかがわからないという状況だったわけです。

この状況を救ったのは、富士通研究所の三村高志によるHEMTの発明でした。HEMTは、極めて良好なヘテロ界面を必要としたからです。このヘテロ界面の作製には、富士通研究所のMBEグループを指揮する冷水佐壽が携わりました。冷水らは、5年間の研究で高精度の結晶成長技術を確立していましたが、その用途を探していたのです。

研究所の強みは横の連携です。ベル研究所ではトランジ

スタの発明時に、高純度の半導体結晶成長技術を始めとして多くの関連技術が蓄積されていました。富士通研究所にMBE技術が存在しなければ、三村の発明もリリエンフェルドの電界効果トランジスタと同じ運命をたどったことでしょう。

三村・冷水らは、HEMTの作製に成功し、1980年6月にアメリカの国際会議で発表しました。移動度は当時の水準の3倍という画期的な値でした。アメリカのマイクロウェーブジャーナル誌の記事は、「ブレークスルー、それとも空騒ぎ？」という見出しで取り上げました。ブレークスルーとは、壁を打ち破る画期的な発明を意味します。空騒ぎという表現には、1970年代から急速に台頭してきた日本の技術への揶揄があったのかもしれません。

HEMTは、衛星放送の家庭用受信アンテナのアンプとして用いられ、アンテナの小型化に貢献しました。この小型化されたパラボラアンテナは東ヨーロッパの国々のアパートのベランダにも数多く取り付けられました。この多数のパラボラアンテナが西側のテレビ放送の受信を可能にしたことによって、ベルリンの壁の崩壊が早まったとも言われています。

HEMTに続いて、1980年代後半には、量子井戸を用いた発光ダイオードや量子井戸レーザーの生産も始まり、MBEは広く活躍するようになりました。

## ■有機金属気相成長法（MOCVD）

MBEと並んで現在多用されているのがMOCVDです。

第6章 光の世界へ

この方法は、高い真空度を必要としないという点で、MBEとは大きく異なっています。たとえば、GaAsを成長させる際には、トリメチルガリウムと呼ばれる有機金属と、アルシン（$AsH_3$）と呼ばれるヒ素と水素の化合物のガスを石英管の中で反応させます。「トリ」は3を意味し、メチルは$CH_3$ですから、この反応を化学式で書くと

$$Ga(CH_3)_3 + AsH_3 \longrightarrow GaAs + 3CH_4$$

となります。GaAsが成長できるとともに、メタンガス（$CH_4$）も発生します。

図6-17は、MOCVD装置の概念図です。半導体基板のある反応炉に、これらのガスを流して反応させます。AlGaAsを成長させるには、トリメチルアルミニウムも一緒に流します。GaAsの成長からAlGaAsの成長に切り替えるには、トリメチルアルミニウムの原料ボンベのバルブ（弁）を開けばよいというわけです。

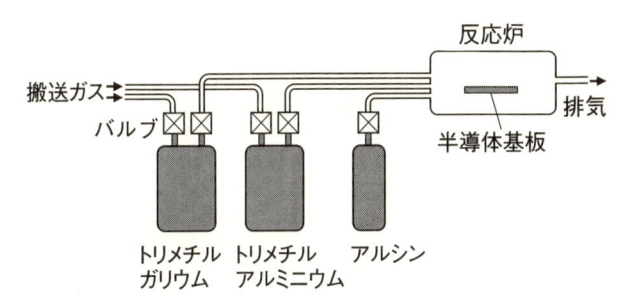

気化させたトリメチルガリウムとトリメチルアルミニウムを反応炉に送るために、搬送ガスが使われます（実際のガス系はもっと複雑です）。

**図6-17　MOCVD装置の概念図**

MOCVDの利点の1つは、結晶成長の速度がMBEより数倍から10倍ほど速いことです。ただし、結晶成長が速い分だけ、ヘテロ界面の切り替えは難しく、MBEが最良の状態で1原子層程度のゆらぎですむのに対して、数原子層のゆらぎが生じます。また、アルシンは毒性が極めて強いガスなので、取り扱いに万全の注意を要します。

　MBEに精度で若干劣るものの、超高真空を必要としないという点では、量産向きなので、多くの企業で使われています。

　ちなみに、現在の半導体デバイスでは、$1\mu m$から数$\mu m$程度の厚さでHEMTや半導体レーザーの作製には十分なので、成長時間が遅いことは問題にならなくなりました。

### ■電荷結合デバイス

　現在、大活躍している光デバイスであるCCDを見ておきましょう。電荷結合デバイスはCCD（Charge Coupled Devices）と呼ばれ、デジタルカメラの目として使われています。読者のみなさんにもなじみが深いデバイスの1つだと思います。もっとも、厳密にはCCDの主な働きは、電荷を隣にバケツリレーのように送っていくことにあります。CCDそのものを受光素子として使う場合と、多数のフォトダイオードを一緒に組み込むことによってCCDに信号の転送だけを受け持たせる場合とがあります。

　CCDの基本的な構造は図6-18のようにMOS構造を使ったキャパシタ（コンデンサー）を近接して配列させたも

第6章　光の世界へ

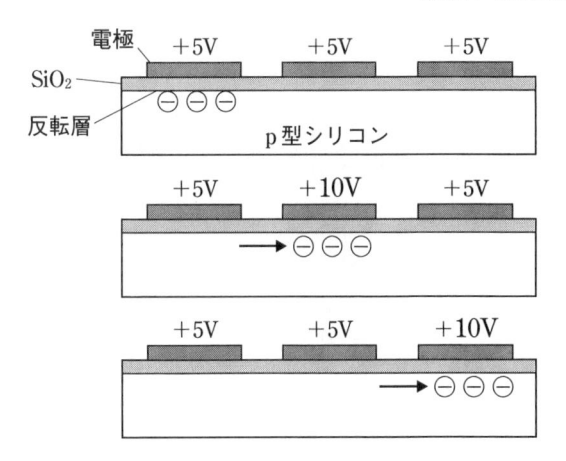

**図 電極／SiO₂／反転層／p型シリコン**

CCDでは、隣接する電極に順番に強いプラスの電圧をかけることによって、電子を引きつけて、移動させます。

**図6-18　CCDの基本構造**

のです。図では、3つの隣接するMOSキャパシタでの動作の様子を示します。大きな正電圧を順番に隣のCCDにかけていくことによって、電子を隣のキャパシタに順番に移動させることができます。直感的には、大きなプラス電荷をかけるほど、マイナスの電荷を持つ電子が強く引きつけられると考えれば簡単に理解できます。

より詳しい理解としては、まず、CCDでは$SiO_2$とSiの境界にプラス電界をかけることによって図5-17の反転層が生じることを思い出しましょう。この反転層内に電子が溜まります。隣の電極に大きなプラス電界をかけると、反転層の曲がりが大きくなり（深くなり）、エネルギーの低い隣の電極直下の反転層に電子が移動します。MOSキャ

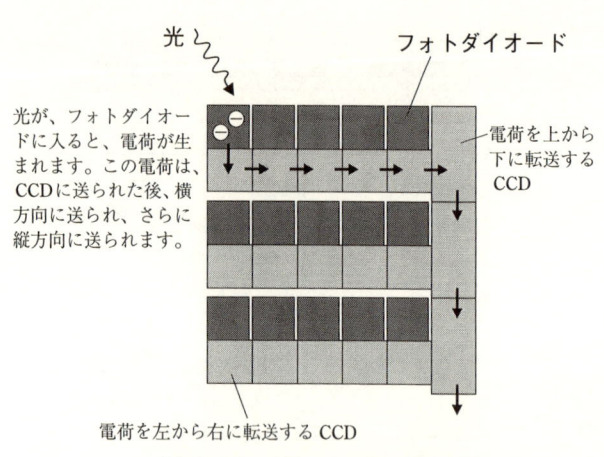

光が、フォトダイオードに入ると、電荷が生まれます。この電荷は、CCDに送られた後、横方向に送られ、さらに縦方向に送られます。

電荷を上から下に転送するCCD

電荷を左から右に転送するCCD

**図6-19　CCDカメラの原理**

パシタどうしを近接させているので、一方の電圧を低くすると電子が移動するわけです。このため「電荷結合」という名称が付いています。この性質を使って、隣接するキャパシタに順番に電圧をかけてそれぞれのMOSキャパシタの電荷を順番に送り出すことができます。

図6-19は、それぞれのMOSキャパシタのすぐ隣にフォトダイオードが作られている例です。この素子に光を照射すると、フォトダイオードに光の強度に応じた量の電子が発生します。次に、これをすぐ隣のCCDに移します。CCDに電荷を移した後は、それぞれのCCDに先ほどのように順番に電圧をかけて、隣のMOSキャパシタへ転送させていきます。この電荷を順に読み出して映像信号として使います。

1024個のMOSキャパシタを縦横に作製すると、100万

画素のCCDになります。CCDでは画素数が多いほど鮮明な画像が撮れます。このためCCDもめざましいスピードで開発競争が行われています。

■様々な波長へ

発光ダイオードや半導体レーザーの波長と材料の関係を示します。

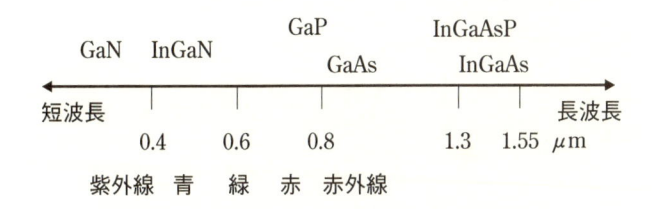

```
                    GaP         InGaAsP
     GaN   InGaN          GaAs    InGaAs
  ←─────┼─────┼─────┼─────┼────┼─────→
  短波長                                    長波長
          0.4   0.6   0.8      1.3  1.55 μm

        紫外線  青   緑   赤   赤外線
```

**図6-20　化合物半導体と発光波長**

バンドギャップエネルギーを長波長側にずらすにはInのような周期表（図6-21）の下にある原子を混ぜます。たとえば、GaAsにInを混ぜてInGaAsにすると$1.3\mu m$や$1.55\mu m$の発光が得られます。逆に、あるバンドギャップから短波長側にずらすためには、周期表の上にある原子を混ぜればよいのです。たとえば、GaAsのAsをNに置き換えるとGaNとなり紫外線領域での発光になります。

化合物半導体を用いた発光デバイスでは、赤や赤外線の発光は1960年代や70年代に得られていました。しかし、青色から短波長の光を得るのは容易ではなく、1990年代に入っても青色発光デバイスは実用化されていませんでし

た。

　この青の発光ダイオードと半導体レーザーへの応用に成功したのが日亜化学工業の中村修二です。中村修二は、InGaN（窒化インジウムガリウム）を用いて青色発光を実現しました。InGaNのような窒化物半導体については、赤崎勇・天野浩が先駆的な業績をあげていましたが、研究者はごくわずかでした。中村による1993年の青色発光ダイオードの開発の成功によって、窒化物半導体の研究者数は爆発的に増加しました。

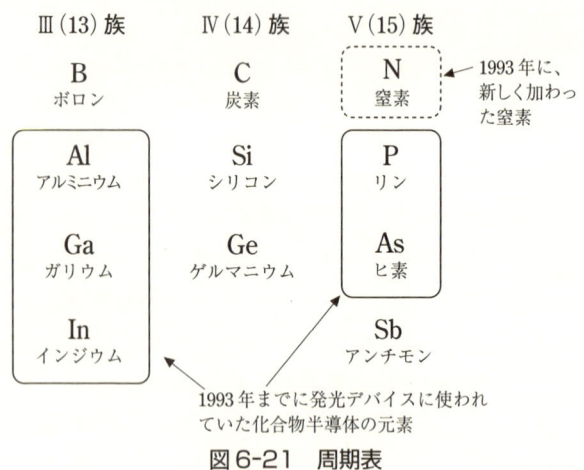

| III(13)族 | IV(14)族 | V(15)族 |
|---|---|---|
| B ボロン | C 炭素 | N 窒素 ← 1993年に、新しく加わった窒素 |
| Al アルミニウム | Si シリコン | P リン |
| Ga ガリウム | Ge ゲルマニウム | As ヒ素 |
| In インジウム | | Sb アンチモン |

1993年までに発光デバイスに使われていた化合物半導体の元素

**図6-21　周期表**

　青色発光ダイオード開発が発表された直後の応用物理学会では、中村が発表する会場は満杯でした。立ち見が出て、しかも会場に入りきらないほど聴衆があふれました。筆者は、会場に入れなくて廊下であきらめた1人です。中村は各地の学会に呼ばれて引っぱりだこになり、講演で

## 第6章 光の世界へ

は、実際に青色発光ダイオードを光らせて見せました。各社も急いで開発競争に参入しましたが、その後数年間にわたってキャッチアップは容易ではありませんでした。中村が講演会場で青色発光ダイオードを取り出して光らせると、「あまりによく光るので、水戸黄門の印籠にひれ伏すように、思わずひれ伏したくなった」というのは、競合他社の研究者から広がった溜め息交じりの冗談です。

中村は続いて1996年に青色の半導体レーザーの開発にも成功しました。当時は、多くの競合他社が中村の独走に追いつこうと必死でした。

中村は2000年にカリフォルニア大学のサンタバーバラ校の教授に就任しました。その後の特許に関する裁判では衆目を集めました。画期的な製品を生み出した研究が特許争いに巻き込まれるのは、実はそれほどめずらしくはありません。トランジスタ特許出願時のショックレーとバーディーン、ブラッテンの争い、キルビーとノイスのIC特許に関するテキサスインスツルメンツ社とフェアチャイルド社の争い、本書ではふれませんでしたがレーザーの発明に関してタウンズとグールドの間の特許紛争など多くの例があります。

また、ショックレーが新しいトランジスタの開発のためにベル研究所を去ったように、中村も会社を去りました。ノイスもフェアチャイルド社を去り、インテルを設立しています。社会的な影響力の大きい研究ほど、様々な意味で、社会から研究者へのフィードバックが大きいということなのでしょう。

## ■CDからDVD、そしてHD DVD、Blu-Rayへの進歩

　半導体レーザーの波長が短くなることによって大きな恩恵を受けたのが光ディスクです。光を集光するとき、波長が短いほど、より狭い領域に集光できるという性質があります。波長が短くなると、集光面積が小さくなるので、1枚の光ディスクに書き込める容量が大きくなります。

　最初に広く普及した光ディスクは1982年に登場したCDです。CDの読み出しに使われている半導体レーザーの波長は780nmです。これに対して、その14年後の1996年に登場したDVDでは波長650nmの半導体レーザーが使われています。波長では1.2倍違うので、集光面積の差はその2乗の1.44倍の違いです。CDからDVDへの進歩では、この集光面積の改善以外にも、書き込み技術や情報圧縮技術の進歩がありました。それらを総合した結果、1枚のディスクの容量はCDの約700MB（メガバイト）からDVDの4.7GB（ギガバイト）（片面単層）に約7倍の進歩を遂げました。

　青色半導体レーザーの登場は、このDVDの容量をさらに飛躍的に増大させることになりました。波長405nmの半導体レーザーを使えば、集光面積は従来のDVDの2.6分の1になります（650nm/405nmの2乗分の1）。この新しいDVDの開発と販売には、日本の東芝とソニーが中心になって取り組み、前者の規格がHD DVD、後者がBlu-Ray（ブルーレイ）と呼ばれています。両者とも2006年にプレーヤーの販売が始まりました。他の書き込み技術の進歩にも助けられ、片面単層の光ディスクで15GBから25GBもの大容量を実現しています。

第6章　光の世界へ

　当然のことながら、さらに、もっと短い光の半導体レーザーが開発されたらDVDの容量はさらに増大するでしょう。光の世界での半導体の研究開発は、次の世代の新製品を追って今も絶え間なく続いています。

　さて、これで読者の皆さんは光デバイスについても多くの知識を身につけました。半導体の基礎から始めて、電子デバイスと光デバイスまでたどり着いた旅は、いかがだったでしょうか。人類の知恵が生み出した「からくり」（＝デバイス）には、意外なおもしろさがあることに気付かれたことと思います。これから手にとる電化製品も、きっと以前とは違った視点でながめることができることでしょう。

# 付録

## ■ポアソン方程式の導出

ポアソン方程式は、半導体中の電荷分布がわかっているときに、その電荷分布から電位を求めるのに使います。

ポアソン方程式は電磁気学で習ったガウスの法則から導けます。マクスウェルの方程式の1つのガウスの法則は

$$\text{div } \vec{E}(\vec{r}) = \frac{\rho(\vec{r})}{\varepsilon} \quad \text{(F-1)}$$

です(『高校数学でわかるマクスウェル方程式』と『高校数学でわかる相対性理論』(7章)をご参照下さい)。

ここで、位置$\vec{r}$での電界$\vec{E}(\vec{r})$と電位$\phi(\vec{r})$の間には電磁気学で学んだように

$$\vec{E}(\vec{r}) = -\text{grad } \phi(\vec{r})$$

の関係があります。$x, y, z$成分で書くと

$$(E_x, E_y, E_z) = -\left( \frac{\partial \phi(\vec{r})}{\partial x}, \frac{\partial \phi(\vec{r})}{\partial y}, \frac{\partial \phi(\vec{r})}{\partial z} \right) \quad \text{(F-2)}$$

です。

このように電界の強さは、電位$\phi(\vec{r})$の傾きとして表されます。重力にたとえると$\phi$は土地の高さに相当し、$\vec{E}(\vec{r})$は坂の傾きを表すというわけです。坂の傾斜が強いほどボールを転がす力は強くなりますが、同じように電界が大きいほど電荷に働く力は強くなります。

ガウスの法則 (F-1) 式の左辺に (F-2) 式を代入すると

$$\mathrm{div}\ \vec{E}(\vec{r}) = \frac{\partial E_x(\vec{r})}{\partial x} + \frac{\partial E_y(\vec{r})}{\partial y} + \frac{\partial E_z(\vec{r})}{\partial z}$$

$$= -\frac{\partial}{\partial x}\frac{\partial \phi(\vec{r})}{\partial x} - \frac{\partial}{\partial y}\frac{\partial \phi(\vec{r})}{\partial y} - \frac{\partial}{\partial z}\frac{\partial \phi(\vec{r})}{\partial z}$$

$$= -\frac{\partial^2}{\partial x^2}\phi(\vec{r}) - \frac{\partial^2}{\partial y^2}\phi(\vec{r}) - \frac{\partial^2}{\partial z^2}\phi(\vec{r})$$

となります。したがって、ガウスの法則は

$$\left(\frac{\partial^2}{\partial x^2} + \frac{\partial^2}{\partial y^2} + \frac{\partial^2}{\partial z^2}\right)\phi(\vec{r}) = -\frac{\rho(\vec{r})}{\varepsilon}$$

となります。これが**ポアソン方程式**です。左辺の電位 $\phi(\vec{r})$ と右辺の電荷密度 $\rho(\vec{r})$ の間をつないでいます。

括弧の中の2階の微分演算子はラプラシアンと呼ばれ $\nabla^2$ で表します。ポアソン方程式をどういうときに使うかというと、電荷密度の分布 $\rho(\vec{r})$ がわかっているときに電位 $\phi(\vec{r})$ を求めるときなどに使います。なかなか役に立つ重要な方程式です。

## ■量子井戸の状態密度

量子井戸の中では、電子は一方向に閉じ込められるので、2次元方向にだけ自由に動ける状態になります。このときの電子波の状態は、図2-4で表せます。あるエネルギー $E$ と $E + \Delta E$ の間の電子の状態数を計算しましょう。第2章と同様に扱います。バルクとの違いは、球ではなく

円を描くことと、立方体ではなく、正方形の面積$\left(\frac{2\pi}{L}\right)^2$で割ることです。

エネルギー$E$のときの半径$k$は、第2章で見たように$k=\frac{\sqrt{2mE}}{\hbar}$なので、この内側の面積$4\pi k^2$を、一辺$\frac{2\pi}{L}$の正方形の面積$\left(\frac{2\pi}{L}\right)^2$で割れば、この面積に含まれる状態の数が出てきます。

$$\frac{8\pi m}{\hbar^2}E \bigg/ \left(\frac{2\pi}{L}\right)^2$$

同様にして半径$E+\Delta E$の内側の状態の数は、上の$E$を$E+\Delta E$で置き換えればよいだけです。したがって、2つの円に挟まれたエネルギー幅$\Delta E$の部分の状態の数は、この2つの引き算で

$$\left\{\frac{8\pi m}{\hbar^2}(E+\Delta E) - \frac{8\pi m}{\hbar^2}E\right\} \bigg/ \frac{4\pi^2}{L^2}$$

$$= \frac{2mL^2}{\pi\hbar^2}\Delta E$$

となります。これを第2章と同様に$\Delta E$で割って、さらに単位面積あたりの状態の数に直し(面積$L^2$で割ります)、スピンの状態数を考えて2倍したものが状態密度です。

$$D_\mathrm{e}(E) = \frac{4m}{\pi\hbar^2} \qquad \text{(F-3)}$$

この (F-3) 式の右辺にエネルギー $E$ は残っていないので、量子井戸の状態密度がエネルギーに依存しない一定の値であることがわかります。

　量子井戸では、定在波が存在できる最もエネルギーの低い電子の状態を基底状態と呼びます。基底状態より下では、安定な定在波は存在しないので、状態密度はゼロですが、それより上のエネルギーでは、(F-3) 式より、一定の値になります。したがって、状態密度は図6-14のような階段状の関数（ステップ関数）になります。

## 本書に現れるノーベル賞受賞者

1909年　マルコーニ、ブラウン
「無線通信の開発の功績を賞して」
"in recognition of their contributions to the development of wireless telegraphy"

1914年　ラウエ
「結晶によるX線回折現象の発見によって」
"for his discovery of the diffraction of X-rays by crystals"

1915年
ヘンリー・ブラッグ
ローレンス・ブラッグ
「X線による結晶構造解析に関する研究によって」
"for their services in the analysis of crystal structure by means of X-rays"

1956年　バーディーン、ブラッテン、ショックレー
「半導体の研究と、トランジスタ作用の発見において」
"for their researches on semiconductors and their discovery of the transistor effect"

1964年　タウンズ、バソフ、プロホロフ
「メーザー、レーザーの発明および量子エレクトロニクス

分野の基礎研究によって」
"for fundamental work in the field of quantum electronics, which has led to the construction of oscillators and amplifiers based on the maser-laser principle"

1972年　バーディーン、クーパー、シュリーファー
「超伝導に関するいわゆるBCS理論によって」
"for their jointly developed theory of superconductivity, usually called the BCS-theory"

2000年　アルフェロフ、クレーマー
「高速エレクトロニクスおよび光エレクトロニクスに利用される半導体ヘテロ構造の開発によって」
"for developing semiconductor heterostructures used in high-speed and opto-electronics"

2000年　ジャック・キルビー
「集積回路（IC）の発明における彼の役割によって」
"for his part in the invention of the integrated circuit"

2014年　赤崎勇、天野浩、中村修二
「高輝度低エネルギー白色光源を実現する効率的な青色発光ダイオードの発明によって」
"for the invention of efficient blue light-emitting diodes which has enabled bright and energy-saving white light sources"

# あとがき

　読者の皆さんとともに、半導体デバイスの世界を見てきました。ブラウン、チョクラルスキー、ショットキー、リリエンフェルドらが活躍したドイツから、ショックレー、バーディーン、ブラッテンらが活躍したアメリカに移り、アルフェロフ、林、パニッシュによる半導体レーザーで日本人が登場しました。続いて、三村・冷水のHEMT、中村・赤崎の青色発光ダイオードでは日本人がその主役に躍り出ました。本書では触れませんでしたが、CPU（中央演算処理装置）の開発では嶋正利が、また、フラッシュメモリーの開発では舛岡富士雄がすばらしい業績を残しています。このように、半導体デバイスの歴史はその時代を代表する国家を表しているとも言えます。

　現在、アメリカはCPUにおいては強い競争力を有し、メモリーでは韓国と台湾が台頭しています。日本は今、メモリーやCPUでは厳しい戦いを続けながら、CCDやCMOSや青色発光ダイオードでは優位を保っています。21世紀の半導体デバイスをどの国がリードしていくのか、私たちは今その生きた歴史を見ていることになります。

　電子デバイスの多くは、大きくても数mm角という小さなものですが、その中には人類の創意工夫がびっしりと詰め込まれています。それゆえに個々のデバイスの能力は極めて高く、人間の様々な夢を実現してくれます。夢を実現

する手段として半導体デバイスをとらえればそこには多くのそして大きな楽しみがあります。半導体デバイスの研究者が味わっている楽しみを少しでも読者の皆さんにお伝えできたとすれば筆者にとっては大きな喜びです。

筆者はこれまでに、『高校数学でわかるマクスウェル方程式』、『高校数学でわかるシュレディンガー方程式』、『今日から使える電磁気学』などの"わかりやすさ"を目指した解説書を執筆してきました。本書の出版にあたっても、前著のブルーバックスと同様に講談社の梓沢修氏の多大なご助力を得ました。これらの前著と同じく、本書も大学レベルの内容を維持するよう努めています。本書によって半導体デバイスに興味を抱いた方が、大学レベルの教科書や参考書を手にとれば、以前よりはるかに容易に理解できることに気が付くことでしょう。

最後に筆者の学生時代のわずかな思い出を語りましょう。半導体デバイスについては、大学3年の頃に、成田信一郎教授と浜川圭弘教授の2つの科目から学びました。成田教授はある日の講義で、「僕の研究室を出た三村君がたいへん良い研究をしまして、それはもう1人、ここの永宮・望月研出身の冷水君と一緒に協力して成し遂げた仕事です」と話し出したのがHEMTの発明のことでした。振り返ってみると、HEMT発表（1980年）の翌年の講義でした。

浜川圭弘教授は、イリノイ大学のバーディーンのもとで助教授をつとめたことがあるという先生です。しかし、な

ぜかショックレーについて話していたことしか筆者の記憶には残っていません。成田教授も、浜川教授も、いつも半導体デバイスについてはとても熱く、そして楽しそうに語っていたのを思い出します。

その後大学院生のころ（たしか1985年）に大阪大学を訪れたバーディーンの講演を聞きました。何しろノーベル賞を2度も受賞した大学者の講演ですから、会場は聴衆で一杯になりました。外見は赤ら顔で日本人よりかなり大柄でしたが、一方、話し方はシャイで表面的には大人しい人のように感じられました。研究者の中には、自分の研究を針小棒大に大げさにアピールする人が少なくないのですが、バーディーンはその対極にある人でした。

そのころの筆者は日本の英語教育の平均的な学生の1人でした。したがって、残念ながら聞き取り能力がほぼゼロでした。あのときバーディーンが何を語ったのか、筆者にとっては永遠の謎です。

## 参考文献・参考資料

『半導体デバイス』S.M. ジィー著　南日康夫、川辺光央、長谷川文夫訳　産業図書（半導体デバイスの代表的教科書）

『半導体物性Ⅰ・Ⅱ』犬石嘉雄、浜川圭弘、白藤純嗣著　朝倉書店

『超格子ヘテロ構造デバイス』江崎玲於奈監修　榊裕之編著　工業調査会（化合物半導体デバイスの代表的参考書）

『Ⅲ族窒化物半導体』赤崎勇編著　培風館（窒化物半導体に関する代表的参考書）

"Jan Czochralski——father of the Czochralski method", Paweł E. Tomaszewski, JOURNAL OF CRYSTAL GROWTH, Vol. 236 Num. 1-3, pp.1-4 (2002).

"True Genius : The Life And Science of John Bardeen", Lillian Hoddeson, Vicki Daitch, Joseph Henry Press (2002).

"Development of High Electron Mobility Transistor", Takashi Mimura, Japanese Journal of Applied Physics, Vol.44, No.12, p.8263 (2005).

「HEMTが生まれるまで」冷水佐壽, 固体物理, Vol.18, No.11, p.690 (1983).

"The path to the conception of the junction transistor", William Shockley, IEEE Transactions on Electron Devices, Vol. ED-23, p.597 (1976).

"Invention of the integrated circuit", Jack S. Kilby, IEEE

Transactions on Electron Devices, Vol. ED-23, pp.648-654 (1976).

http://www.porticus.org/bell/belllabs_transistor.html

# さくいん

**【数字】**
2極真空管　15
3極真空管　15
Ⅲ族　32, 85
Ⅳ族　18, 31
Ⅴ族　32, 82

**【アルファベットほか】**
AT&Tベル電話研究所　14
Blu-Ray　244
CCD　198, 202, 238
CMOS　198
CPU　198
FET　189
$g_m$　188
HD DVD　244
HEMT　195
IVカーブ　117
MBE　231
MOCVD　231, 236
MOS　192
MOS構造　190, 238
MOSトランジスタ　190
MQW　228
npn型　172
npn構造　118
n型半導体　82, 84
NチャンネルFET　192
pin型　210
pnp型　172
pnp構造　118
pn接合　45, 116, 118
p型半導体　82, 84
PチャンネルFET　192
S（ジーメンス）　188
$sp^3$混成軌道　30
Γ点　204

**【あ行】**
アインシュタイン　221
青色発光ダイオード　242
赤崎勇　242
アクセプタ　85, 176
アクセプタ準位　84
アース　176
アナログ動作　183
アルフェロフ　226
イオン化エネルギー　86
位置エネルギー　66
移動度　108, 113
インゴット　23
インジウムヒ素　34
ウィスカー　15, 157
ヴィーン　147
ウェットエッチング　224
ウェハー　24
運動エネルギー　40
運動量　40, 54, 204
エッチング　200, 224
エネルギーバンド　174
エネルギー分布　62
エネルギー保存の法則　38
エピタキシー　231
エミッタ　172, 175, 189

エミッタ接地回路  176
エミッタ接地電流利得  178, 187
エミッタ電極  159
エレクトロンボルト  38
黄銅鉱  15
オーミックな接触  152
オーム  95
オームの法則  94
重いホール  44
オンネス  166

【か行】

回折格子  26
回折条件  26
化学ポテンシャル  64
拡散係数  102, 104, 108
拡散電位  131, 132
拡散電流  94, 100, 119
活性層  213
価電子帯  37, 44, 48, 70, 72
価電子帯の頂上  41
ガリウムヒ素  34
ガリウムリン  34
ガリヒ素  34
軽いホール  44
間接遷移型半導体  207
擬フェルミエネルギー  87, 88, 174
キャパシタ  194, 238
キャリア  43, 48
キャリアの数  48
キャリア密度  72, 78, 88, 94, 108, 113
共振  220
共振器  217

共有結合  32
キルビー  167, 196
禁止帯  38
空乏層  124, 133, 141, 216
クーロン力  67
ゲイン媒質  223
ゲート  189, 194
ゲート電界  191
ケリー  15
原子の振動  96
交換機  15
高電子移動度トランジスタ  195
光電変換  202
固定増幅回路  184
コレクタ  172, 175, 189
コレクタ電極  159
コンデンサー  194, 238

【さ行】

最外殻軌道  36
再結合  106, 136, 141
室温  63
実効質量  42
実効状態密度  75, 77
質量作用の法則  77
遮断周波数  187
周期境界条件  52
集積回路  167, 198
受光デバイス  202
順方向バイアス  135
少数キャリアの注入  136
状態の数  51, 57, 60
状態密度  50, 57, 60, 69, 139, 227, 229
蒸着  148

ショックレー　15, 156, 163
ショットキー　147
ショットキー接合　116, 148
シリコン　20
真性半導体　69, 210
真性密度　77
スイッチ　15
スイッチ動作　185
スイッチング　171
ステップ関数　229
スピン　60
スペクトル　27
正帰還増幅回路　184
正孔　43
整流作用　15, 116
石　183
絶縁体　20
接合型トランジスタ　163, 171
閃亜鉛鉱構造　33
増幅　171
増幅作用　15
増幅率　187
ソース　189

**【た行】**

帯　37
ダイオード　146
多結晶　22
多重量子井戸　228
ダブルヘテロ構造　217, 226
単結晶　23
窒化インジウムガリウム　242
窒化ガリウム　35
チャンネル　189, 191, 194
直接遷移型半導体　206

チョクラルスキー　24
チョクラルスキー法　23, 231
定在波　52, 60
ディラック　63
ティール　14, 25
デジタル動作　185, 186
電圧計　19
電位分布　119
電界効果トランジスタ　157, 189
電荷結合　240
電荷結合素子　202
電荷結合デバイス　238
電荷二重層　123, 132
電荷分布　119
電気素量　39
電光変換　202
電子移動度　98
電子緩和時間　98
電子状態　50
電子の散乱　96
電子の数　48
電子ボルト　38
電子密度　73, 78, 102, 132
伝達（相互）コンダクタンス
　188
伝導体　20
伝導帯　37, 48, 72
伝導帯の底　41, 69, 132
電流増幅率　177
電流密度　98, 103
電流連続の式　104, 107, 119, 142
導体　20
ドナー　84, 176
ドナー（のエネルギー）準位
　84, 86

ドナー密度 88
ドーピング 210
ド・フォレスト 15
ドープ量 84
トマシェフスキ 24
朝永振一郎 17
ドライエッチング 224
トランジスタ 156
ドリフト電流 94
ドレイン 189

【な行】

内蔵電位 131
中村修二 242
猫のひげ 15
熱 96
熱電子 150
熱電子放出 150
ノイズ 167, 196

【は行】

バイアス電圧 134, 176
バイポーラトランジスタ 171, 189
波数 53
発光ダイオード 202
発光デバイス 202, 213
バーディーン 14, 156, 166, 169
パニッシュ 226
速さ（キャリアの） 48
林厳雄 226
バルク 56
半値幅 229
反転層 239
バンド 37

半導体 19, 20
半導体レーザー 202, 217, 226
バンドギャップ 38, 49, 208
バンドギャップエネルギー 38, 77, 241
ヒ化アルミニウムガリウム 195
ヒ化インジウム 34
ヒ化ガリウム 33
光吸収 208
光ディスク 244
光ファイバー 203
冷水佐壽 235
表面準位 157
平賀源内 19
ピンフォトダイオード 210
フェルミ 63
フェルミエネルギー 64, 66, 80
フェルミオン 63
フェルミ-ディラック分布 50, 63, 66, 69, 72, 137
フェルミ粒子 63
フォトダイオード 202, 209, 212
負荷線 181
負帰還増幅回路 184
不純物半導体 86
ブラウン 16
ブラッグ（ヘンリー） 29
ブラッグ（ローレンス） 29
ブラッグの回折条件 28
ブラッテン 14, 156
プランク 147
フレミング 15
分子線エピタキシー法 231, 232
平衡状態（pn接合の） 132, 134
劈開 224

261

ベース　172, 175, 189
ヘテロ界面　216, 235
ヘテロ接合　216
ベル電話研究所　14
ポアソン方程式　119
方鉛鉱　15
飽和電流　145
ポテンシャルの壁　150
ポテンシャルバリア　150
ホール　43
ホール効果　110
ホール測定　108
ボルタ　19
ボルタメーター　19
ボルツマン　62
ボルツマン因子　62
ボルツマン定数　62
ボルツマンファクター　62
ホール電圧　111
ホール電界　111
ホールの数　48
ホール（の）密度　70, 75
ポンピング　222

【ま行】

マクスウェル　62
マクスウェル-ボルツマン分布
　62, 72, 139
マグネトロン　17
魔法の1ヵ月　158
三村高志　235
ムーア　167
ムーアの法則　168
メイマン　222
メンデレーエフ　31

【や行】

有機金属気相成長法　231
有効質量　42, 80
誘電体　20
誘導放出　221
ユニポーラトランジスタ　190

【ら行】

ラウエ　29
ラウエ法　29
ラプラス方程式　120
理想ダイオードの式　146
リソグラフィ　200
利得媒質　223
リトル　25
量子井戸　227, 232
リリエンフェルド　160, 169
リン化ガリウム　34
レジスト　200
レーダー　17
ローレンツ力　109

## 本書で使用した記号一覧

|  | 意味<br>関連語 | 主なページ |
|---|---|---|
| $D$ | 拡散係数（拡散定数）<br>diffusion constant | 102 |
| $D(E)$ | 状態密度<br>density of state | 60 |
| $D_e(E)$ | 電子の状態密度<br>density of state / e：electron | 60 |
| $D_h(E)$ | 価電子帯のホールの状態密度<br>density of state / h：hole | 70 |
| $D_n$ | 電子の拡散定数<br>D：diffusion constant / n：negative | 143 |
| $D_p$ | ホールの拡散定数<br>D：diffusion constant / p：positive | 142 |
| $E$ | 電界<br>electric field | 95 |
| $E_C$ | 伝導帯の底のエネルギー<br>E：energy / C：conduction band | 37 |
| $E_{Cn}$ | n型半導体の伝導帯の底のエネルギー<br>C：conduction band / n：negative | 133 |
| $E_{Cp}$ | p型半導体の伝導帯の底のエネルギー<br>C：conduction band / p：positive | 133 |
| $E_F$ | フェルミエネルギー<br>E：energy / F：Fermi | 64 |
| $E_F'$ | 擬フェルミエネルギー<br>F：Fermi | 88 |

## 本書で使用した記号一覧

| 記号 | 説明 | ページ |
|---|---|---|
| $E'_{Fn}$ | n型半導体の擬フェルミエネルギー<br>F：Fermi／n：negative | 134 |
| $E'_{Fp}$ | p型半導体の擬フェルミエネルギー<br>F：Fermi／p：positive | 134 |
| $E_g$ | バンドギャップエネルギー<br>g：gap | 38 |
| $E_H$ | ホール電界　ホール：ホール効果<br>E：electric field／H：Hall | 110 |
| $E_L$ | 横方向の電界<br>E：electric field／L：Lateral | 112 |
| $E_V$ | 価電子帯の頂上のエネルギー<br>E：energy／V：valence band | 38 |
| $E_{Vn}$ | n型半導体の価電子帯の頂上のエネルギー<br>V：valence band／n：negative | 133 |
| $E_{Vp}$ | p型半導体の価電子帯の頂上のエネルギー<br>V：valence band／p：positive | 133 |
| $f_t$ | 遮断周波数<br>f：frequency／t：transition | 188 |
| $g_m$ | 伝達（相互）コンダクタンス | 188 |
| $h$ | プランク定数 | 39 |
| $\hbar$ | プランク定数（エイチ　バー）<br>$h/2\pi$ | 54 |
| $I$ | 電流 | 94 |
| $I_B$ | ベース電流<br>B：base | 173 |
| $I_C$ | コレクタ電流<br>C：collector | 173 |

| | | |
|---|---|---|
| $I_D$ | 拡散電流 | 143 |
| | D：diffusion | |
| $I_E$ | エミッタ電流 | 173 |
| | E：emitter | |
| $I_n$ | 電子の拡散電流 | 143 |
| | n：negative | |
| $I_p$ | ホールの拡散電流 | 143 |
| | p：positive | |
| $I_s$ | 飽和電流 | 144 |
| | saturation current | |
| $J$ | 電流密度 | 98 |
| $J_n$ | 電子の電流（面）密度 | 107 |
| | n：negative | |
| $k$ | 波数 | 53 |
| $k_B$ | ボルツマン因子（定数） | 62 |
| | B：Boltzmann | |
| $m_e^*$ | 電子の有効質量 | 73 |
| | e：electron | |
| $m_h^*$ | ホールの有効質量 | 75 |
| | h：hole | |
| $n$ | キャリア密度 | 87 |
| $n$ | 伝導帯の電子密度 | 69 |
| $N(E)$ | 電子状態の数を表す関数 | 59 |
| $N_A$ | アクセプタ原子の密度 | 124 |
| | A：acceptor | |

| | | |
|---|---|---|
| $N_C$ | 伝導帯の実効状態密度<br>C：conduction band | 74 |
| $N_D$ | ドナー原子の密度<br>D：donor | 88 |
| $n_i$ | 真性密度<br>intrinsic semiconductor：真性半導体 | 77 |
| $n_n$ | n型半導体の伝導帯の電子密度<br>n：negative | 132 |
| $n_p$ | p型半導体の伝導帯の電子密度<br>p：positive | 134 |
| $N_V$ | 価電子帯の実効状態密度<br>V：valence band | 75 |
| $p$ | 運動量 | 40 |
| $p$ | 価電子帯のホール密度 | 71 |
| $p_n$ | n型半導体の価電子帯のホール密度<br>n：negative | 133 |
| $p_p$ | p型半導体の価電子帯のホール密度<br>p：positive | 133 |
| $q$ | 電荷 | 95 |
| $R$ | 抵抗値<br>resistance | 94 |
| $R_B$ | ベースに入れる抵抗<br>R：resistance / B：base | 184 |
| $R_C$ | コレクタに入れる抵抗<br>R：resistance / C：collector | 184 |
| $R_L$ | 負荷抵抗<br>R：resistance / L：load | 181 |

| | | |
|---|---|---|
| $R_n$ | 再結合の割合<br>R：recombination | 106 |
| RT | 室温<br>room temperature | 63 |
| $V$ | 電位差<br>voltage | 94 |
| $V_B$ | 外部電圧(ホール効果)<br>B：bias | 112 |
| $V_B$ | バイアス電圧<br>bias voltage | 137 |
| $V_{CB}$ | コレクター－ベース間の電圧<br>C：collector / B：base | 173 |
| $V_{CC}$ | 電圧 $V_{CC}$ の電源 | 181 |
| $V_D$ | 拡散電位<br>D：diffusion | 131 |
| $V_{EB}$ | エミッター－ベース間の電圧<br>E：emitter / B：base | 173 |
| $V_{EC}$ | コレクタ電圧<br>C：collector | 181 |
| $V_L$ | 負荷抵抗で生じる電圧<br>L：load | 181 |
| $\alpha$ | 電流増幅率<br>current amplification factor | 177 |
| $\beta$ | エミッタ接地電流利得 | 178 |
| $\varepsilon$ | 誘電率 | 120 |
| $\mu_e$ | 電子移動度<br>e：electron | 98 |

## 本書で使用した記号一覧

| $\mu_H$ | ホール効果で求めたキャリアの移動度<br>H：Hall | 113 |
|---|---|---|
| $\nu$ | 振動数 | 39 |
| $\rho$ | 電荷密度 | 126 |
| $\rho(\vec{r})$ | 電荷密度 | 120 |
| $\tau$ | 電子緩和時間 | 98 |
| $\tau$ | キャリア寿命 | 108 |
| $\phi(\vec{r})$ | 電位 | 120 |
| $\phi(x)$ | 電位 | 127 |

N.D.C.428.8　269p　18cm

ブルーバックス　B-1545

# 高校数学でわかる半導体の原理
電子の動きを知って理解しよう

2007年3月20日　　第1刷発行
2023年10月13日　　第17刷発行

| | | |
|---|---|---|
| 著者 | 竹内　淳 | |
| 発行者 | 髙橋明男 | |
| 発行所 | 株式会社講談社 | |
| | 〒112-8001　東京都文京区音羽2-12-21 | |
| 電話 | 出版 | 03-5395-3524 |
| | 販売 | 03-5395-4415 |
| | 業務 | 03-5395-3615 |
| 印刷所 | (本文印刷)　株式会社KPSプロダクツ | |
| | (カバー表紙印刷)　信毎書籍印刷株式会社 | |
| 製本所 | 株式会社国宝社 | |

定価はカバーに表示してあります。
©竹内　淳　2007, Printed in Japan
落丁本・乱丁本は購入書店名を明記のうえ、小社業務宛にお送りください。
送料小社負担にてお取替えします。なお、この本についてのお問い合わせ
は、ブルーバックス宛にお願いいたします。
本書のコピー、スキャン、デジタル化等の無断複製は著作権法上での例外
を除き禁じられています。本書を代行業者等の第三者に依頼してスキャン
やデジタル化することはたとえ個人や家庭内の利用でも著作権法違反です。
R〈日本複製権センター委託出版物〉複写を希望される場合は、日本複製
権センター（電話03-6809-1281）にご連絡ください。

ISBN978-4-06-257545-4

## 発刊のことば

## 科学をあなたのポケットに

　二十世紀最大の特色は、それが科学時代であるということです。科学は目に日に進歩を続け、止まるところを知りません。ひと昔前の夢物語もどんどん現実化しており、今やわれわれの生活のすべてが、科学によってゆり動かされているといっても過言ではないでしょう。

　そのような背景を考えれば、科学や学生はもちろん、産業人も、セールスマンも、ジャーナリストも、家庭の主婦も、みんなが科学を知らなければ、時代の流れに逆らうことになるでしょう。

　ブルーバックス発刊の意義と必然性はそこにあります。このシリーズは、読む人に科学的に物を考える習慣と、科学的に物を見る目を養っていただくことを最大の目標にしています。そのためには、単に原理や法則の解説に終始するのではなくて、政治や経済など、社会科学や人文科学にも関連させて、広い視野から問題を追究していきます。科学はむずかしいという先入観を改める表現と構成、それも類書にないブルーバックスの特色であると信じます。

一九六三年九月

野間省一